Ihre Projektmanagement-Tools zum Download

- **Änderungs-/Claim-Übersicht:** Überblick über Auswirkungen und Termine der Erweiterungen, Kürzungen, Reklamationen usw. während eines Projekts

- **Arbeitspaket-Auftrag:** Beauftragung einer Person/Organisation mit einem Arbeitspaket mit schriftlicher Spezifikation der Ergebnisse, Termine usw.

- **Arbeitspakete-Struktur:** Aufstellung und Bündelung aller Aufgaben in einem Projekt zu Arbeitspaketen. Grundlage für die Terminplanung

- **Kalkulationsschema:** Auflistung aller Fixkosten und variablen Kosten, Überblick über die Gesamtkosten und Basis für die Kostenkontrolle

- **Kapazitäts- und Terminplan:** Kalendarische Zuordnung von Personal und Arbeitspaketen, um die Dauer pro Arbeitspaket zu ermitteln

- **Kosten- und Meilenstein-Trendanalyse:** Integrierte Projektverfolgung durch Kosten- und Terminprognosen

- **Kosten-Trendanalyse mit Voraussichtlichem IST:** Grafische Darstellung der Voraussichtlichen IST-Werte der Kosten eines Projekts

- **Meilenstein-Freigabe:** Formale/inhaltliche Prüfung der Zwischenergebnisse

- **Meilenstein-Trendanalyse:** Visuelle Prognose-Aussage über die Meilensteine mit ihren Zwischenergebnissen

- **Mitlaufende Kalkulation:** Kontrolle und Steuerung der kalkulierten Kosten während des Projekts

- **Projektabschlussbericht:** Festhalten der Ergebnisse und Zielerreichung eines Projekts

- **Projektstatusbericht:** Zusammenfassung aller Informationen zum laufenden Projektgeschehen

- **Projektstatusbesprechung:** Agenda für das regelmäßige Meeting, in dem Projektstand und -entwicklung betrachtet werden

- **SOLL-/IST-Vergleich Kosten:** Ermittlung der Abweichungen pro Monat oder Meilenstein

W0177633

Bibliografische Information der Deutschen Nationalbibliothek
Die Deutsche Nationalbibliothek verzeichnet diese Publikation in der Deutschen
Nationalbibliografie; detaillierte bibliografische Daten sind im Internet über
http://dnb.ddb.de abrufbar.

ISBN 978-3-448-09351-3
Bestell-Nr. 00115-0001

© 2009, Rudolf Haufe Verlag, Freiburg i. Br.
Redaktionsanschrift: Postfach 13 63, 82142 Planegg/München
Telefon (089) 8 95 17-0, Telefax (089) 8 95 17-2 50
Internet: www.haufe.de
Produktmanagement: Steffen Kurth

Redaktion und DTP: Nicole Jähnichen und Sylvia Rein, München
Umschlaggestaltung: Kienle gestaltet, Stuttgart
Druck: Schätzl Druck, Donauwörth

Max L. J. Wolf

Projekttermine und -kosten im Griff

Haufe Mediengruppe
Freiburg • Berlin • München

Inhalt

Einführung

Wenn Sie die Termine und Kosten im Griff haben, erfüllen Sie bereits zwei wichtige Voraussetzungen für den Erfolg eines Projekts. Das geht jedoch nicht ohne die gezielte Anwendung von Projektmanagementtechniken: Wie ein Organist problemlos seine Register ziehen kann, sollte ein Projektleiertung ihr Handwerkszeug nicht nur kennen, sondern auch richtig einsetzen können.

Dieses Buch ist deshalb konsequent handlungs- und lösungsorientiert: Ich stelle Ihnen verschiedene schwierige Situationen aus der Praxis vor – und zeige Ihnen Lösungswege, deren Vor- und Nachteile sowie das Umfeld, in dem sie Erfolg versprechen. Sie lernen die zentralen Techniken des Termin- und Kostenmanagement in Projekten kennen – und erfahren, wie Sie damit Ihre eigenen Projekte planen und steuern. Neben den menschlichen Aspekten des Projektmanagements sind dies:

- die Auftragsklärung,
- die Meilensteintechnik,
- die Arbeitspaketbildung,
- das Ermitteln der Aufwände,
- der Personal- bzw. Kapazitätseinsatz,
- der Terminplan,
- die Kalkulation,
- die Termin- und Kostenverfolgung,
- die Techniken zur Prognoseentwicklung,
- der Umgang mit Stakeholdern und
- der Projektabschluss.

Die wichtigsten Tools für Ihre tägliche Arbeit stellen wir Ihnen zusätzlich online zur Verfügung.

Ich wünsche Ihnen viel Freude an diesem Buch und Erfolg bei Ihren Projekten.

Max L. J. Wolf

1 Termine planen

Zwei Aufgaben sind grundlegend für die Projektarbeit: die Klärung der Ziele und die dezidierte Planung des Projekts. Doch genau diese Aspekte sind die wunden Punkte vieler Projektleiter. Weshalb ist die Auftragsklärung so schwer? Einerseits glauben Auftraggeber und -nehmer häufig, dass der Auftrag schon klar ist. Andererseits scheuen sie sich, sich frühzeitig festzulegen. Allzu oft geht eine verspätete Auftragsklärung aber letztlich zu Lasten von Terminen, Kosten und Qualität. Ebenso wichtig ist es, eine detaillierte Planung aufzustellen und für alle Beteiligten zu visualisieren. Planung spielt durch, ob das Vorhaben auf Grund von Arbeitsumfängen, sachlichen Abhängigkeiten, Aufwendungen und verfügbaren Ressourcen tatsächlich durchführbar ist.

In diesem Kapitel zeige ich Ihnen, worauf es bei der Auftragsklärung und der Terminplanung ankommt:

- aus unklaren Vorhaben einen Auftrag mit klaren Projektzielen formen,
- Projektstrukturen schaffen, Arbeitspakete definieren und Termine wasserdicht planen,
- geschickt mit knappen Terminvorgaben umgehen.

Wie Sie einen unklaren Auftrag klären

» DAS SZENARIO

Ein selbstständiger Bauingenieur, den ich in Projektabwicklung beriet, war zu einem Bauträger einbestellt worden. In der Besprechung bekam er den Auftrag, für die neu erbaute Parkgarage eines Einkaufscenters ein Fußgänger- und ein Fahrzeugtor zu entwerfen. Die einzige Grundlage war eine grobe Skizze, aus der hervorging, welche Maße die Tore maximal haben durften. Designvorstellungen waren nicht beschrieben, ebenso nicht weitere technische Details. Der Bauträger schien wenig Zeit und Interesse an Details meinte lediglich: „Das werden Sie schon machen." Wie sollte der Bauingenieur, der mit diesem Auftrag einen „Fuß in die Tür" des großen Bauträgers bekommen wollte, reagieren?

Wege zur Lösung

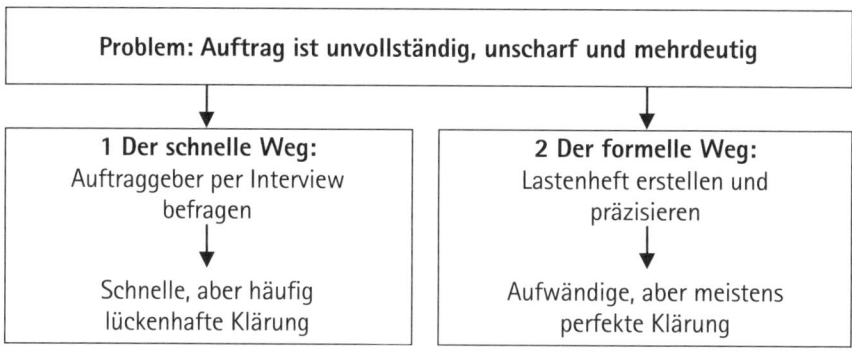

1 Der schnelle Weg: Auftraggeber per Interview befragen

Bei diesem Weg klären Auftraggeber und -nehmer die Details eines Auftrags im Gespräch Der Auftraggeber stellt sein Vorhaben kurz mündlich vor. Der Auftragnehmer bzw. die Projektleitung hören konzentriert zu. Auf den ersten

Blick scheint der Auftrag klar und eindeutig zu sein. Dennoch fragt der Projektleiter nach

- den Sachzielen des Projekts, d. h. nach den Anforderungen an die Sachleistung: Funktion, Leistung, Qualität, Schnittstellen;
- den Abwicklungszielen, d. h. nach den Anforderungen an den Weg: Termine, Finanzierung, Aufwand/Kosten, Transparenz, Ablauf/Meilensteine, Ressourceneinsatz;
- den Rand- und Rahmenbedingungen, d. h. nach den Einflussfaktoren von außen: Kapazität, Konventionen, Gesetze, Normen, Richtlinien, Umweltschutz, Patente, Sprache, Knowhow.

Im oben vorgestellten Beispiel sind dies z. B. folgende Fragen und Antworten:

Sachziele

- Was genau soll das Produkt/die Anlage/das Ergebnis können? „Das Fahrzeugtor soll wetterresistent, robust und leicht bedienbar sein. Es soll 6,50 m breit und 2,60 m (= Rohbaumasse) hoch sein. Erwünscht ist die Ausführung glatt und in Alu."
- Was muss das Produkt/die Anlage/das Ergebnis unbedingt können? „Es soll als Einfahrschranke dienen. Das Gewicht soll so sein, dass das Tor leicht mittels elektrischen Antriebs zu öffnen und zu schließen ist."

Andere Fragen könnten sein:

- Was genau wünschen Sie sich?
- Was genau machen Sie mit dem Produkt/der Anlage/dem Ergebnis?
- Wozu soll das Produkt/die Anlage/das Ergebnis dienen?
- Warum wünschen Sie sich überhaupt das Produkt/die Anlage/das Ergebnis?
- Wer soll das Produkt/die Anlage/das Ergebnis benutzen?

Abwicklungsziele

- Welche terminlichen Vorstellungen haben Sie? „Die Tore sollen in vier Wochen einsatzbereit sein."
- Welchen Preis stellen Sie sich vor? „Es ist ein Budget von 9.000 Euro eingeplant."

Rahmen- und Randbedingungen

Müssen bestimmte Rahmen-, bzw. Randbedingungen beachtet werden? „Ja, die Gemeinde lässt nur ein Tor mit Fluchtweg zu. Ein Tor mit anderen Fluchtwegen muss als Plan neu eingereicht und genehmigt werden." Andere Fragen könnten hier sein:

- Welche Erfahrungen haben Sie/hat der Anwender auf diesem Gebiet?
- Was möchten Sie auf jeden Fall vermeiden?
- Was soll unbedingt erhalten bleiben?

Die Antworten auf diese Fragen notiert sich der Projektleiter. Dann kann es bei diesem Weg schon losgehen: Der Auftrag ist in groben Zügen geklärt, es findet keine weiter Detaillierung der Ziele statt.

Einen Überblick über das gesamte Tool „Auftragsklärung" finden Sie auf S. 40.

 VORSICHT BOMBE!

In einem Gespräch neigen Zuhörer dazu, voreilige Schlüsse zu ziehen, unklare Äußerungen zu interpretieren oder in Fachjargon zu übersetzen. Dies kann zu Missverständnissen führen.

So entschärfen Sie die Bombe

1 Geben Sie dem Kunden das Gehörte zurück, indem Sie Sie die Antworten mit eigenen Worten zusammenfassen. Auf diese Weise erkennen Sie, ob das, was der Kunde gemeint hat, auch das ist, was Sie verstanden haben.

2 Verschicken Sie Ihre Aufzeichnungen hinterher als Protokoll per Mail an den Auftraggeber und bitten Sie ihn um Bestätigung des Inhaltes.

 PRO

Termine: Die Auftragsklärung führt zu einem Angebot mit Grobkonzept. Das ist der erste Schritt, die Termine zu erreichen. Mündliche Absprachen sparen Zeit und ermöglichen einen schnellen Projektstart.

Kosten: Eine schnelle Auftragsklärung spart Einstiegskosten.

Karriere: Schnelle Erfolge zählen oft mehr als solides Handwerk. Passen Sie aber auf, dass der Einstieg kein Pyrrhussieg wird.

Termine: Werden bei der Befragung die Ziele nicht eindeutig geklärt, steht das Projekt auf wackeligen Beinen. Es können Sachergebnisse entstehen, die der Kunde nicht haben will. Ihre Termine geraten ins Wanken.

Kosten: Wer für den Papierkorb gearbeitet hat, wird fast immer Mehrkosten haben. Das Budget wird überschritten, Sie müssen nachverhandeln.

Qualität: Die Instabilität der Informationen wird Qualitätsmängel im Ergebnis nach sich ziehen. Mangelnde Schriftlichkeit ist außerdem eine schlechte Basis für ein solides Änderungswesen.

Fazit: Wann dieser Weg Erfolg verspricht

Der befragende Weg sollte nur eingeschlagen werden, wenn Sie den Kunden gut kennen und mit ihm schon oft zusammengearbeitet haben. Dann werden Sie schon wissen, was er gemeint hat. Mündliche Absprachen und Aktionismus sind dann erfolgversprechend, wenn schon eine lange, solide und enge Zusammenarbeit stattgefunden hat. Auch sollte der Neuigkeitsgrad des Vorhabens nicht zu hoch sein. Damit ist die Gefahr hoher Kosten – falls Sie sich ausnahmsweise doch missverstanden haben – nicht zu groß.

Auch bei kleinen, überschaubaren Aufträgen hilft die Interviewtechnik weiter. Letztlich muss eine Rückkoppelung stattfinden, z. B. indem Sie im Gespräch die Aussagen Ihres Gegenübers mit eigenen Worten zusammenfassen und ein Protokoll anfertigen, das Sie abzeichnen lassen.

2 Der formelle Weg: Lastenheft erstellen und präzisieren

Die Auftragsklärung kann durch ein Lastenheft herbeigeführt werden. Unter einem Lastenheft werden alle Wünsche des Kunden verstanden, die von ihm in einem Dokument nach folgender Gliederung erfasst sind:

1 Einführung in das Projekt

2 Beschreibung der Ausgangssituation (IST-Zustand)

3 Aufgabenstellung (SOLL-Zustand; Auftraggeberziele)

4 Anforderungen an die Systemtechnik (System-, Sachziele)

5 Anforderungen an die Qualität

6 Anforderungen für die Inbetriebnahme und den Einsatz

7 Anforderungen an die Projektabwicklung (Abwicklungsziele)

8 Schnittstellen

9 Rand-/Rahmenbedingungen.

Im Szenario wird der Bauingenieur darum bitten, dass der Auftraggeber ein Lastenheft erstellt. Er prüft dann die einzelnen Anforderungen, z. B. „leicht bedienbar" auf Machbarkeit. Er schaut, ob die Anforderung so konkret ist, dass Missverständnisse ausgeschlossen sind. Bei „leicht bedienbar" gibt es sicherlich unterschiedliche Vorstellungen. Hier muss die Anforderung näher definiert werden. Was zeichnet „leicht bedienbar" aus? Der Auftragnehmer prüft auch, ob alle Anforderungen genannt sind. Er versucht, Widersprüche auszumerzen, und wird die Anforderungen zumindest in Muss- oder Kann-Anforderungen priorisieren. Auf diese Weise bereitet er ein erneutes Gespräch mit dem Bauträger vor, in dem er die Anforderungen klärt, die anschließend schriftlich fixiert werden.

 VORSICHT BOMBE!

Der Zeitaufwand für die Prüfung und die Vervollständigung des Lastenheftes sowie für die Abklärung im Gespräch kann sehr hoch sein. Wo hört der Perfektionismus auf?

So entschärfen Sie die Bombe

1 Konzentrieren Sie sich auf das Wesentliche. Das sind die Sach-, Abwicklungsziele und die Rand- und Rahmenbedingungen.

2 Schreiben Sie alle ungeklärten Gesichtspunkte, die sich aus dem Kunden-Lastenheft ergeben, in eine Liste offener Punkte (LOP, siehe auch S. 47).

3 Senden Sie diese Liste offener Punkte vor dem Gespräch mit dem Kunden diesem zur Vorbereitung zu.

4 Sollten Aufträge ähnlicher Natur öfter vorkommen, dann ist es hilfreich, ein standardisiertes Lastenheft zu haben. Das kann dann mit dem Kunden in einem Gespräch gemeinsam geklärt werden.

Termine: Mit dem Lastenheft schaffen Sie eine gute Ausgangsbasis für das Erstellen von Lösungen und Konzepten. Termine können gehalten werden.

Kosten: Dieser Einstieg kostet Geld, aber wenn das Vorhaben weitgehend ohne zusätzlichen Klärungsbedarf abläuft, dann sparen Sie erhebliche Kosten ein.

Qualität: Ein aussagekräftiges, klares Lastenheft sichert Qualität von Anfang an.

Karriere: Gründliche Arbeit ist für die Karriereleiter nicht verkehrt. Aber Vorsicht! Das Image eines Bürokraten bremst den späteren Aufstieg.

Termine: Ein Lastenheft kostet Zeit. Ein schneller Projektstart ist das nicht.

Kosten: Schon der Einstieg ins Projekt verursacht Koordinationsaufwand und Kosten.

Qualität: Genauigkeit verringert später Spielräume im Abwicklungsprozess.

Fazit: Wann dieser Weg Erfolg verspricht

Wenn komplexe Projekte wie innovative Vorhaben, High-Tech-Projekte oder umfangreiche Software-Aufträge realisiert werden sollen, dann ist eine Ausgangsbasis erforderlich. Je früher z. B. in einem Projekt Fehler entdeckt werden, desto weniger kosten diese. Das gilt auch umgekehrt. Deshalb ist in solchen Fällen zweifelsfrei ein ausführliches, in sich schlüssiges Lastenheft erforderlich. Das gilt auch für Projekte mit vielen Schnittstellen und vielen Zulieferfirmen. Mit dem Lastenheft wird eine klare Kommunikation unter den Beteiligten sichergestellt. Auch ist ein Lastenheft notwendig, wenn Auftraggeber und Auftragnehmer noch wenig zusammengearbeitet haben.

Mein Weg: Strukturen schaffen – so bin ich vorgegangen

Dem von mir beratenen Bauingenieur konnte ich folgendes empfehlen: Wenn ich ein Projekt übernehme, dann achte ich auch eine genaue Auftragsklärung: Ich vereinbare mit meinem Auftraggeber einen Gesprächstermin. Dieses Gespräch ist die Übergabe des Vorhabens an den Projektleiter. Ich nenne es deshalb Übergabegespräch.

Organisation klären

Zum einen muss der organisatorische Rahmen stimmen. Folgende Fragen helfen, dies zu leisten:

- Wer soll in dem Projekt mitarbeiten?
- Welche Rechte hat die Projektleitung?
- Welche Pflichten hat die Projektleitung?
- Was liegt an Informationen zu dem Vorhaben vor?
- Wer ist der Auftraggeber?
- Welche Vorhaben hat die Firma schon mit dem Auftraggeber abgewickelt?
- In welcher Form soll berichtet werden?
- Wie soll mit Änderungen verfahren werden?
- An wen kann sich die Projektleitung im Konfliktfall wenden?

Eine sogenannte Orga-Checkliste hilft, keine Fragen zu vergessen (Tool siehe S. 41).

Ziele klären bzw. Problem analysieren

Zum anderen müssen der Inhalt und die Ziele geklärt sein. Dazu kann der formelle Weg beschritten werden: Wie in Weg 2 beschrieben, wird ein Lastenheft erstellt. Wenn die Ziele noch nicht feststehen und sich noch kein Lastenheft erstellen lässt, weil der Kunde z. B. noch nicht weiß, was er will, nehme ich eine Problemanalyse vor Ort beim Kunden vor. Mit Hilfe des Fischgräten-Diagramms (siehe S. 49) betreibe ich Ursachenforschung bei dem Kundenproblem und mache die einzelnen Ursachen an Beispielen und Fakten fest. Alle offenen Punkte aus dem Übergabegespräch, der Zielklärung und der Problemanalyse halte ich konsequent in der Liste offener Punkte (LOP, siehe S. 47) fest. Auch wenn ich zu diesem Zeitpunkt die Punkte noch nicht klären kann, ist es wichtig festzuhalten, wer die Themen bis wann erledigt. Damit ist für mich der erste Teil des Auftrags geklärt. Jetzt weiß ich, was der Kunde genau will und in welchem organisatorischen Rahmen ich mich als Projektleiter bewegen kann.

Lösungen finden

Im zweiten Teil der Auftragsklärung geht es darum, dem Kunden eine Lösung bzw. mehrere Varianten anzubieten, die seine Wünsche abdecken. Das ist das technische Feedback an den Kunden. Ich nutze zur Lösungsfindung die Methode „Projektergebnisstruktur". Ich beame mich hier an das Ende des Projektes und frage mich „Was werde ich am Ende des Projektes dem Kunden konkret übergeben?". Die Antwort auf diese Frage stelle ich grafisch dar:

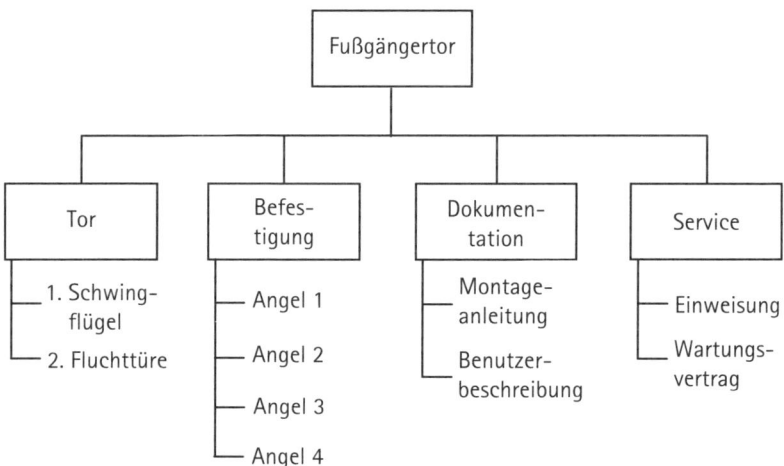

Projektergebnisstruktur, Beispiel: Fußgängertor

Das Projektergebnis ist dann später der Einstieg in die Erarbeitung des Pflichtenheftes. Im Unterschied zum Lastenheft beschreibt das Pflichtenheft zusätzlich im Detail die technische Lösung für den Kunden. In der Praxis nehme ich das Lastenheft und schreibe es als Pflichtenheft fort. Das Lastenheft besteht aus neun Gliederungspunkten. Im Pflichtenheft kommen dann ein zehnter und ein elfter Gliederungspunkt hinzu, mit folgenden Detaillie-rungen aufgrund des definierten Projektergebnisses:

10 Systematische Lösung
   10.1. Tor
   10.2. Befestigung
   10.3. Dokumentation
   10.4. Service
11 Systematische Ausprägungen
(mit Darstellung der verschiedenen Varianten)

Damit habe ich vier Schritte unternommen, den Auftrag zu klären und auf gesicherter Basis weiterarbeiten zu können. Zu diesen Schritten riet ich auch dem Bauleiter – mit Erfolg: Der Auftraggeber investierte gemeinsam mit dem Bauleiter mehr Zeit in die Auftragsklärung, war mit dem Ergebnis sehr zu-frieden und versprach Folgeaufträge.

 KLARTEXT: UNKLAREN AUFTRAG KLÄREN

1 Vermeiden Sie Auftragsübergaben zwischen Tür und Angel. Führen Sie ein Übergabegespräch und schaffen Sie den entsprechenden organisatorischen Rahmen.

2 Klären Sie den Auftrag durch Fragen und schriftliche Fixierung. Die Basis Ihrer Arbeit sollte ein abgestimmtes Lastenheft sein.

3 Machen Sie Vorschläge zur Erfüllung der Lasten. Dazu können Sie eine Projekt-ergebnisstruktur aufstellen und so elegant in das Pflichtenheft einsteigen.

4 Beginnen Sie mit Terminplanung und Kalkulation erst, wenn Organisation, Lasten, Problemskizzierungen und Pflichten stehen.

Termine wasserdicht planen

DAS SZENARIO »

1

Eine Medienfirma plant für bayerische Kommunen Bushaltestellen, die über Werbe-flächen finanziert und dadurch dem Auftraggeber kostenlos zur Verfügung gestellt werden. Lasten- und Pflichtenheft sind erstellt, das Projektteam aus Marketing, Entwicklung und Montage ist gebildet. In einem Meeting geht es jetzt um die Frage, welche Städte mit wie vielen Bushaltestellen versorgt werden sollen. Der Projektleiter schlägt dem Team vor, zuerst einen Terminplan für die Aufstellung einer Bushaltestelle auszuarbeiten. Damit soll ermittelt werden, wie viel Zeit die Installation benötigt, um dann zu entscheiden, auf welche Städte man sich kon-zentrieren soll. Doch keiner weiß ganz genau, wie viel Zeit diese Aufgabe braucht. Wie kann das Team trotzdem zu einem verlässlichen Terminplan kommen?

Wege zur Lösung

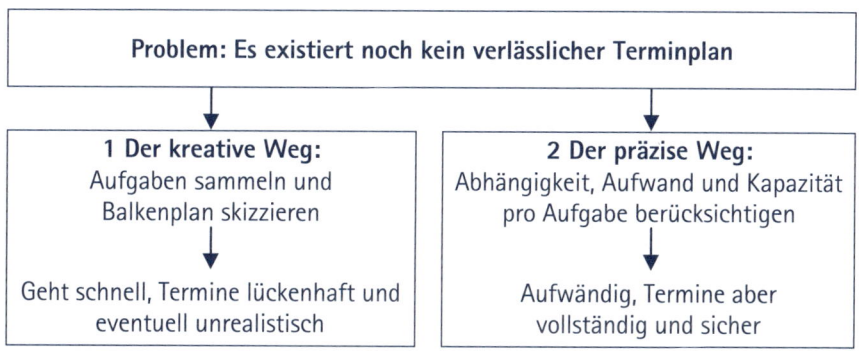

1 Der kreative Weg: Aufgaben sammeln und Balkenplan skizzieren
Geht schnell, Termine lückenhaft und eventuell unrealistisch

2 Der präzise Weg: Abhängigkeit, Aufwand und Kapazität pro Aufgabe berücksichtigen
Aufwändig, Termine aber vollständig und sicher

Problem: Es existiert noch kein verlässlicher Terminplan

1 Der kreative Weg: Aufgaben sammeln und Balkenplan skizzieren

Die Planungsrunde beginnt damit, mittels eines Brainstormings oder einer Mind Map alle Aufgaben zu sammeln, die für das Projekt erforderlich sind. Die Aufgaben werden an einer Pinnwand jeweils – vorher definierten – Pro-jektabschnitten wie Marketing, Konstruktion, Bestellung, Montage, Inbetriebnahme und Abnahme zugeordnet. Dann werden pro Aufgabe die Durchlaufzeiten geschätzt: Wie lange dauert die Bearbeitung einer Aufgabe? Hier greifen die Anwesenden in der Regel auf Erfahrungswerte zurück. Die Abschnitte mit ihren Aufgaben werden an der Pinnwand von oben nach unten angeordnet. Sie können hierfür einen sogenannten Balkenplan erstellen: Die Durchlaufzeit pro Aufgabe wird jeweils als Balken auf die Pinnwand aufgezeichnet. Ein Teilnehmer der Besprechung zückt seinen Kalender. Nachdem der Starttermin feststeht, wird anhand des Kalenders abgezählt, wann ein Abschnitt fertig ist. Auf diese Weise entsteht ein Terminplan als Balkenplan, den man statt auch der Pinnwand auch gleich in einem sogenannten Projektmanagement-Werkzeug, also Software wie Excel oder MS Project, erstellen kann.

 VORSICHT BOMBE!

Das kreative Sammeln der Aufgaben birgt die Gefahr, dass Aufgaben vergessen werden und dass sie unterschiedliche Umfänge haben.

So entschärfen Sie die Bombe

1   Bevor der Terminplan aufgestellt wird, sollten Sie anhand von vergangenen Projekten prüfen, welche Aufgaben noch berücksichtigt werden müssen.
2   Zeigen Sie einem Experten den Plan und fragen Sie, was er noch ergänzen würde.
3   Wenn in Ihrer Firma ein Standard, z. B. ein Meilenstein- bzw. Projektphasenplan vorhanden ist, dann können die Aufgaben mit diesem Standard abgeglichen werden.
4   Schätzen Sie die Umfänge der Aufgaben ab, z. B. bei der Erstellung eines Dokumentes die Seitenanzahl. So sehen Sie, welche Aufgaben einen großen bzw. einen kleinen Umfang haben. Fassen Sie dann die Aufgaben so zusammen, dass diese vom Umfang her gesehen in etwa gleich groß sind.

 PRO

Termine: Der Weg ermöglicht einen schnellen Einstieg.

Karriere: Alle Teammitglieder sind eingebunden, am Terminplan mitzuarbeiten. Sie stellen Ihre Teamfähigkeit unter Beweis.

Termine: Die Durchlaufzeiten sind ohne Kapazitäten hinterlegt. Die Terminplanung birgt das Risiko, dass die Arbeiten länger dauern als geplant.

Kosten: Ohne Kapazitätsplanung gibt es auch keine Personalkosten. Die Kalkulation steht auf wackeligen Beinen.

Qualität: Unscharfe Planung hat Auswirkungen auf die Arbeit. Die Ergebnisse entstehen unter Zeitdruck. Die Qualität wird darunter leiden.

Fazit: Wann dieser Weg Erfolg verspricht

Dieser Weg kann als Einstieg in die Terminplanung durchaus gewählt werden. Er gibt einen schnellen Überblick und zeigt auf den ersten Blick, wann das Projekt starten sollte und ob eine detaillierte Terminplanung erfolgversprechend ist. Wenn Sie ein Angebot abgeben, dann wollen Sie nicht zu viel Aufwand betreiben, falls der Kunde Ihr Angebot verwirft. Auf der anderen Seite sollten sich die Beteiligten klar machen, dass der kreative Weg nur eine erste Annäherung an die organisatorische Erledigung des Projektes ist. Deshalb empfiehlt es sich, in Angeboten zu vermerken, dass eine detaillierte Planung die Termine noch bestätigen muss.

Wenn durch vergangene Projekte klare Erfahrungswerte für Durchlaufzeiten vorliegen, hat der kreative Weg durchaus seinen Charme. Bei kleinen, überschaubaren Projekten mit wenig Personal und geringen organisatorischen Schnittstellen kann der kreative Weg ebenfalls beschritten werden.

2 Der präzise Weg: Abhängigkeit, Aufwand und Kapazität pro Aufgabe berücksichtigen

Abhängigkeiten der Aufgaben ermitteln

Das Lastenheft und das Projektergebnis müssen vorliegen. Das Projekt wird dann wie in Weg 1 in Projektabschnitte gegliedert (z. B. Marketing, Konstruktion, Bestellung, Montage usw.). Anschließend werden die Aufgaben pro Projektabschnitt ermittelt und im nächsten Schritt ist es sinnvoll zu prüfen, wie die Aufgaben innerhalb eines Abschnitts aus fachlicher Sicht zusammenhängen: Was muss zuerst erledigt werden, damit weitere Arbeiten folgen können? Im Sinne der sogenannten Netzplantechnik wird von Vorgänger und Nachfolger gesprochen. Es gibt verschiedene Vorgänger-Nachfolger-Beziehungen: Eine Aufgabe endet und die nächste Aufgabe folgt – das ist einen Ende-Anfang-Beziehung. Bei einer Anfang-Anfang-Beziehung beginnen zwei Aufgaben gleichzeitig, bei einer Ende-Ende-Beziehung enden sie zum selben Termin. Das Betrachten der Abhängigkeiten der Aufgaben gibt die Reihenfolge der späteren Bearbeitung wieder. Zusätzlich ermöglicht die Vorgänger-Nachfolger-Betrachtung eine ablauforientierte Sicht, eventuell vergessene Aufgaben werden schneller gefunden und die Vollständigkeit aller Aufgaben wird gesichert.

Am Beispiel des Szenarios bedeutet Vorgänger-Nachfolger-Betrachtung: Im Abschnitt „Konstruktion" entstehen z. B. Zeichnungen, Modell und Stückliste. Zuerst sollten die Zeichnungen angefertigt werden, dann kann die Stückliste erstellt werden. Wenn beides fertig ist, kann das Modell gebaut werden, das für das Einholen von Angeboten bei den Zulieferfirmen wichtig ist. Der Erstellung der Zeichnung folgt die Stückliste. Der Stückliste geht die Erstellung der Zeichnung voraus.

Aufwand schätzen

Nun schätzen Sie den Aufwand pro Aufgabe: Wie viel Zeit ist für die Bearbeitung der Aufgabe erforderlich, wenn eine Person diese Aufgabe erledigt? Es ist naheliegend, vergangene Projekte anzusehen und diese Erfahrungen auf die Aufgaben des neuen Projekts zu übertragen. Dies ist die Schätzmethode auf der Grundlage von Referenzprojekten. Sie können auch Experten befragen, die ihre Erfahrungen einbringen. Das ist die Schätzmethode der Expertenbefragung.

Kapazitäten und Dauer ermitteln

Im zweiten Schritt ermitteln Sie die Durchlaufzeit einer Aufgabe, auch Dauer genannt. Das ist die Zeitspanne einer Aufgabe von ihrem Start bis zu ihrem Ende. In dieser Zeitspanne kann die Aufgabe bewältigt werden, es müssen aber auch Wartezeiten, Unterbrechungen oder andere Zeiten, wie z. B. Trocknen der Wandfarbe, berücksichtigt werden. Sie können zur Ermittlung der Dauer einer Aufgabe folgende Formel verwenden:

$$\frac{Aufwand}{Kapazität\ (z.\ B.\ Personen)} = Dauer$$

Für die Ermittlung der Durchlaufzeit ist also die zur Erledigung nötige Kapazität erforderlich: Wie viele Personen bearbeiten die Aufgabe? Ein Beispiel: Eine Aufgabe von 6 Tagen Aufwand, abgekürzt 6 MT (Mitarbeitertage), hat beim Einsatz von einer Person, die pro Tag 8 Stunden arbeitet, eine Durchlaufzeit ohne Unterbrechung von 6 Arbeitstagen (AT). Arbeiten 2 Personen zu 100 % an dieser Aufgabe, dann beträgt die Dauer der Aufgabe nur noch 3 AT. Aber Vorsicht: Die beiden müssen sich abstimmen; es entsteht ein Kommunikationsaufwand von 1 AT. Damit erhöht sich die Durchlaufzeit von 3 auf 4 AT. Nach Klärung von Abhängigkeiten, Aufwand und Kapazitäten können Sie also für alle Aufgaben eines Projekts jeweils die Durchlaufzeiten berechnen.

Terminplan erstellen

Nun stellen Sie den Terminplan auf. Sie legen einen Starttermin des Projekts fest und können für die erste Aufgabe anhand der errechneten Dauer deren Endtermin eintragen. Steht Aufgaben in einer Ende-Anfang-Beziehung, so ist der Endtermin der ersten Aufgabe der Starttermin der nächsten usw. So werden für jede Aufgabe die Anfangs- und Endtermine errechnet. Um auch hier einen Balkenplan zu erstellen, wird jede Aufgabe als Balken in einen Terminplan eingetragen, die Länge des jeweiligen Balkens entspricht der Durchlaufzeit. Bei einer Anfang-Anfang-Beziehung und einer Ende-Ende-Beziehung werden die Balken parallel zueinander eingetragen. Auf diese Weise erstellen Sie den gesamten Terminplan. Am Schluss wissen Sie, wann das Projekt beendet sein wird. Falls der Endtermin aus dem Lastenheft früher liegt als jetzt geplant, können Sie gezielt in den Balkenplan eingreifen (siehe Kapitel „Wie Sie utopische Endtermine besiegen", ab S. 26).

Der Balkenplan zeigt an, welche Aufgaben in welcher Reihenfolge welchen zeitlichen Durchlauf haben. Wenn er mit einem Projektmanagement-Werkzeug (Software) erfasst wird, dann zeigt dieses auch den kritischen Pfad an. Was ist damit gemeint? Zum Beispiel kann es sein, dass nach einer Aufgabe drei Aufgaben parallel abgewickelt werden, die wiederum in eine weitere Aufgabe münden. Von den drei parallelen Aufgaben bestimmt diejenige, die den längsten Durchlauf hat, den Starttermin der nachfolgenden Aufgabe. Da die beiden anderen Aufgaben eine kürzere Durchlaufzeit haben, sind sie nicht terminbestimmend. Alle Aufgaben, die nacheinander terminbestimmend sind, liegen auf dem kritischen Pfad.

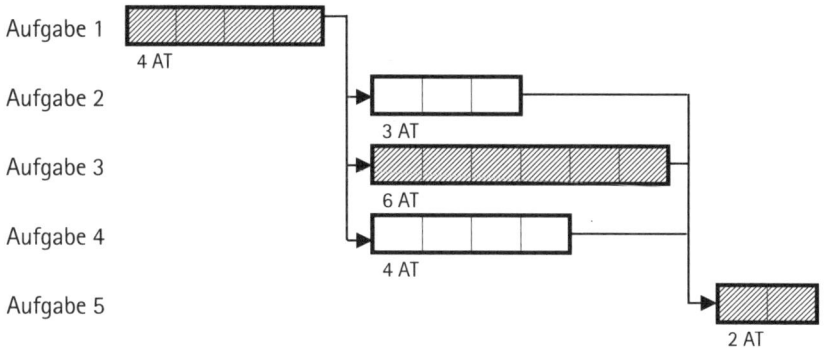

Aufgabe 1 — 4 AT

Aufgabe 2 — 3 AT

Aufgabe 3 — 6 AT

Aufgabe 4 — 4 AT

Aufgabe 5 — 2 AT

1) 3 AT zum Schieben, d.h. 3 AT Puffer
2) 2 AT zum Schieben, d.h. 2 AT Puffer

Der kritische Pfad (schraffierte Balken)

Der kritische Pfad hilft einerseits, das Projekt planerisch zu optimieren, andererseits müssen Sie die Aufgaben auf dem kritischen Pfad bei der späteren Projektverfolgung (Kontrolle) besonders im Auge behalten: Wenn eine dieser Aufgaben Terminverzug hat, dann fallen die Termine der anderen Aufgabe wie Dominosteine um.

 VORSICHT BOMBE!

Der Terminplan basiert auf den zugesagten Ressourcen (Kapazitäten). Diese Zusagen werden in der Praxis oft nicht eingehalten.

So entschärfen Sie die Bombe

1 Kommunizieren Sie die Terminsituation folgendermaßen: „Der Endtermin kann eingehalten werden, wenn die zugesagten Ressourcen zur Verfügung stehen."

2 Die Termine können als Bandbreite angegeben werden, z. B. „Der Termin kann vom 6.2 bis 15.2. des Jahres eingehalten werden. Das hängt davon ab, wie weit die zugesagten Ressourcen später tatsächlich an den Aufgaben arbeiten."

3 Sollte es noch keine klaren Ressourcenzusagen geben, dann müssen Sie Annahmen treffen. Auch hier ist es ratsam, auf die Auswirkung von Änderungen hinzuweisen.

Termine: Die Planung ist realistisch.

Kosten: Durch die Ermittlung der Aufwände lassen sich ziemlich exakt die Personalkosten errechnen. Die Aufwendungen werden mit einem in Ihrer Firma definierten Stundensatz multipliziert.

Qualität: Eine realistische Terminplanung garantiert, dass für die Erstellung der Sachergebnisse genügend Zeit berücksichtigt worden ist. Damit wird die Qualität gesichert.

Karriere: Termin-, Kosten- und Qualitätstreue sind wichtige Karrierepfeiler.

Termine: Eine ausführliche Planung kostet Zeit. Der Projektstart verzögert sich unter Umständen.

Kosten: Der Aufwand für diese Art der Planung kann zwischen 2 und 8 Stunden pro Planer liegen. Der Nutzen für die Terminplanung sollte daher höher sein als der Aufwand, der für das Aufstellen des Terminplans anfällt.

Fazit: Wann dieser Weg Erfolg verspricht

Projekte müssen so geplant werden, dass im Vorfeld ersichtlich ist, ob das Vorhaben machbar ist. Deshalb verspricht dieser Weg dann Erfolg, wenn größere und komplexere Vorhaben anstehen. Ebenso ist der Weg nötig, wenn der Endtermin unbedingt eingehalten werden muss, wenn z. B. der Markteinführungstermin eines Produktes nicht verschoben werden kann, weil das Produkt sonst nach dem des Mitbewerbers auf den Markt kommt und so der gewünschte Preis nicht mehr erzielt werden kann.

Mein Weg: Ein Planungsworkshop – so bin ich vorgegangen

Ich war vom Kernteam und der Projektleitung als fachlicher Moderator eingeladen worden, mit diesen die Terminplanung für die Bushaltestellen aufzustellen. Im Vorfeld hatte das Kernteam mit dem Auftraggeber das Lastenheft und das Projektergebnis verabschiedet. Auch lagen schon Überlegungen bezüglich der Projektabschnitte vor.

In einem von mir initiierten Planungsworkshop ging ich im Wesentlichen wie in Weg 2 beschrieben vor, jedoch ergänzt durch die Meilenstein-Technik sowie die Arbeitspakete-Struktur. Der Workshop begann damit, den Endpunkt für die einzelnen Projektabschnitte zu definieren und damit die Meilensteine zu definieren. Ein Meilenstein beschreibt die Sachergebnisse, die zu einem bestimmten Zeitpunkt nach Erledigung eines Abschnitts, wie z. B. Konstruktion, vorliegen sollen. Deshalb hat sich das Kernteam aufgeteilt, je zwei Mitglieder haben für einen Abschnitt die jeweiligen Sachergebnisse auf Karten festgehalten. Nach der Präsentation der einzelnen Meilensteine mit ihren Sachergebnissen habe ich als Moderator eine Pinnwand eröffnet und eine x- und y-Achse eingezeichnet. Auf der x-Achse wurden die Projektergebnisse angeheftet, auf der y-Achse wurden die Meilensteine mit ihren Sachergebnissen festgehalten. Nun galt es, Schritt für Schritt Aufgaben abzuleiten. Welche Aufgaben mussten z. B. im Bereich Hardware bezüglich der Konstruktion erledigt werden?

Hier einige Beispiele:

- Zeichnung für Hardware aufstellen (Aufgabe 1)
- Stückliste für Hardware aufstellen (Aufgabe 2)
- Modell für Hardware erstellen (Aufgabe 3)
- Lieferantenangebot Hardware einholen (Aufgabe 4)

Das machten wir für alle Projekt- und Meilensteinergebnisse. Damit das Projekt weiterhin überschaubar blieb und andererseits klare Übergaben an Personen und Organisationseinheiten stattfinden konnten, bildeten wir Arbeitspakete (AP). Arbeitspakete stellen eine Beauftragung an eine Person oder Organisationseinheit dar. Die Aufgaben 1 bis 3 konnten zu einem Arbeitspaket für die Konstruktion zusammengefasst werden, die Aufgabe 4 war ein Arbeitspaket für den Einkauf. Dann setzten wir das Projektmanagement-Werkzeug MS Project ein (und einen Beamer). Ein Teilnehmer übernahm die Erfassungsarbeit. Zunächst wurden die Arbeitspakete gelistet, dann wurde geklärt, wie diese Arbeitspakete zusammenhängen, also Vorgänger und

Nachfolger ermittelt. Anschließend wurden die Arbeitspakete aufwandsmäßig geschätzt und die Dauern über die verfügbaren Ressourcen errechnet. Verknüpfungen, Aufwände und Dauern wurden ebenfalls mit MS Project erfasst. So entstand zügig der Terminplan zügig und innerhalb von vier Stunden konnten wir die Frage beantworten, wie lange die Realisierung einer Bushaltestelle von der Beauftragung bis zur Abnahme dauert.

KLARTEXT: TERMINE WASSERDICHT PLANEN

1 Nachdem Lastenheft und Projektergebnis mit dem Auftraggeber abgestimmt sind, bilden Sie Meilensteine für Ihr Projekt.

2 Leiten Sie dann systematisch aus Projekt- und Meilensteinergebnis die Aufgaben ab. Bündeln Sie anschließend die Aufgaben zu Arbeitspaketen.

3 Über die Betrachtung von Verknüpfung, Aufwand und verfügbarer Kapazität errechnen Sie die Dauer pro Arbeitspaket.

4 Nun kann der Terminplan – am besten mit einem Projektmanagement-Werkzeug problemlos aufgestellt werden.

5 Falls der Endtermin, der bei der Vorwärtsplanung „entsteht", nicht mit dem geforderten Endtermin aus dem Lastenheft übereinstimmt, können Sie die Arbeitspakete auf dem kritischen Pfad prüfen: Können Sie die Kapazitäten bei diesen Arbeitspaketen erhöhen oder die Arbeitspakete parallelisieren?

6 Verweisen Sie auf die verfügbaren Ressourcen bzw. auf die erhaltenen Zusagen, wenn Sie Ihren Terminplan vorstellen.

Wie Sie utopische Endtermine besiegen

Die Geschäftsleitung einer Chemiefirma beauftragte einen Mitarbeiter der Produktion, eine neue Halle zu planen und diese mit einer neuen Produktionsanlage auszustatten. Für die Halle veranschlagte der Projektleiter in Zusammenarbeit mit einem Architekturbüro fünf Monate, für die Errichtung der Anlage mit Unterstützung eines Ingenieurbüros zehn Monate. Insgesamt ermittelte der Projektleiter für das gesamte Projekt einen Durchlauf von 12 Monaten (weil teilweise Arbeiten parallel stattfinden konnten). In der Sitzung des Lenkungsausschusses mit der Geschäftsleitung stellte der Projektleiter seine inhaltlichen und organisatorischen Vorschläge vor. Der Vertriebsleiter forderte eine Verkürzung des Projekts auf neun Monate. Er zeigte, wie viel Umsatz bei längerer Laufzeit verloren ginge. Der Lenkungsausschuss schloss sich der Meinung des Vertriebsleiters an und beschloss, das Projekt mit dem vorgestellten Budget von 3 Mio. Euro und einer Laufzeit von neun Monaten durchzuführen. Was sollte der Projektleiter jetzt tun?

Wege zur Lösung

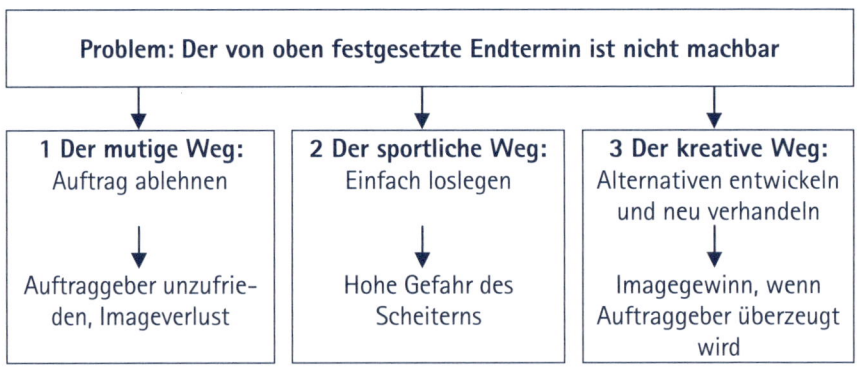

1 Der mutige Weg: Den Auftrag ablehnen

Mit einer Ablehnung riskieren Sie viel. Wer diesen Weg als Projektleiter geht, sollte aufzeigen, dass er das Projekt nach den Regeln der Projektmanagement-Kunst geplant hat. Er erklärt detailliert den Liefer- und Leistungsumfang bzw. die Ergebnisse des Projektes und stellt den Ablauf des Vorhabens unter Berücksichtigung von Lieferengpässen und Kapazitätsproblemen dar. Er legt dar: Selbst wenn die im Plan steckenden Zeitreserven herausgenommen werden, ist der neue Endtermin mit den vorgesehenen Liefer- und Leistungsumfängen nicht erreichbar. Ferner verweist die Projektleitung auf die Genehmigungszeiten, z. B. für die Baugenehmigung und behördlichen Abnahmen, die sie nicht beeinflussen kann. Zum Abschluss erwähnt er die Risiken, die durch die Verkürzung der Projektlaufzeit entstehen. Er fragt die Führungskräfte, ob sie Qualitätsmängel gutheißen und ob die anwesenden Manager die absehbaren hohen Änderungs- und Claimkosten tragen werden. Wenn das Management zwar Verständnis für die Hinweise und Einwände der Projektleitung zeigt, aber es dennoch auf der Verkürzung der Projektlaufzeit besteht, kommt die finale Handlung des Projektleiters: Er gibt die Projektleitung für den Auftrag zurück.

VORSICHT BOMBE!

Wenn sachliche Argumente nicht mehr ziehen, besteht die Gefahr, dass sich ein Machtkampf entwickelt, den der Projektleiter verliert: Er wird dann eventuell gezwungen, den knappen Termin doch umzusetzen.

So entschärfen Sie die Bombe

1 Erbitten Sie noch eine Bedenkzeit und vereinbaren Sie einen neuen Gesprächstermin.

2 Stellen Sie sicher, dass Ihre Argumente im Protokoll festgehalten werden.

3 Wenn Sie keine Wahl haben: Verhandeln Sie über einen Gegenwert zur Terminstraffung, z. B. ein höheres Budget, eine Verringerung des Projektergebnisses oder eine höhere Ressourcenverfügbarkeit.

 **PRO**

Termine: Sie gefährden nicht leichtfertig den von Ihnen durchdachten Terminplan. Sie verhindern das Eintreten von Risiken, die das Projekt gefährden könnten.

Kosten: Sie leisten einen unternehmerischen Beitrag, indem Sie Ihrer Firma erhebliche Kosten ersparen.

Qualität: Eine in der Eile errichtete Anlage nützt der Firma wenig. Durch Produktmängel werden die Kunden verärgert und wandern zur Konkurrenz.

 CONTRA

Termine: Sie geben auf – ein anderer arbeitet sich ein. Das kostet Zeit, die sowieso nicht da ist.

Karriere: Ihre Vorgesetzten werden eine Projektrückgabe nicht einfach hinnehmen. Wenn Sie dem Druck nicht standhalten, Zähne knirschend das Projekt übernehmen und letztlich scheitern, könnte Ihnen unterstellt werden, dass Sie absichtlich den Termin unterlaufen haben. Und das wird Auswirkungen auf Ihren weiteren Weg in dieser Firma haben. Gleiches passiert, wenn Sie den Weg konsequent gehen: Wenn *Sie* nicht wollen, ein anderer nimmt sich des Auftrags bestimmt an. Falls dieser den neuen Termin schafft, haben Sie das Nachsehen. Zwar wird der neue Projektverantwortliche das eine oder andere weglassen, aber das wird dann oft übersehen oder bewusst ausgeblendet.

Fazit: Wann dieser Weg Erfolg verspricht

Der mutige Weg ist dann möglich, wenn Sie als Projektleiter schon mehrfach unter Beweis gestellt haben, dass Sie Projektmanagement beherrschen und Projekte im Unternehmen bereits erfolgreich abgeschlossen haben. Der Weg ist auch machbar, wenn Sie im Unternehmen der einzige fachliche Experte sind und man kurzfristig für Sie keinen Ersatz findet. Der mutige Weg ist ferner durchführbar, wenn Sie auf einen Leitungskreis mit eher ausgeprägter Diskussionskultur stoßen und dieser gegenüber den dargelegten Risiken aufgeschlossen ist.

2 Der sportliche Weg: Einfach loslegen

Die Projektleitung nimmt, wenn sie diesen Weg geht, die Terminverkürzung hin. Getragen von dem Ehrgeiz, „denen da oben" zu zeigen, dass der Termin dennoch haltbar ist, krempelt sie die Ärmel hoch und legt los.

Der Terminplan wird genauer angesehen. Wer sein Projekt gut strukturiert und den Terminplan in einem Projektmanagement-Werkzeug (z. B. Asta Powerproject) abgebildet hat, wird als erstes den kritischen Weg des Projektablaufs identifizieren. Eine Verkürzung des Terminplans muss die Abwicklung der darauf liegenden Arbeitspakete beschleunigen. Es ist zu prüfen, welche Maßnahmen sich durchführen lassen, ohne dass die Projektkosten steigen:

- Zeitreserven kürzen oder herausnehmen: Sie werden oft eingebaut, um Projektrisiken abzusichern. Eventuell müssen andere Maßnahmen zur Risikoabsicherung ergriffen werden, z. B. Reviews und Meilensteinfreigaben.

- Arbeitspakete verkleinern: Der Projektleiter sollte die einzelnen Arbeitspakete gemeinsam mit den Arbeitspaketverantwortlichen dahingehend prüfen, ob bestimmte Aufgaben oder Arbeiten weggelassen werden können, ohne dass das Projektergebnis Schaden nimmt.

- Arbeitspakete verkürzen: Der Projektleiter sollte prüfen, ob sich die einzelnen Arbeitspakete schneller erledigen lassen, als in der ursprünglichen Planung vorgesehen. Möglicherweise lässt sich ein Arbeitsschritt statt in drei, auch in zwei Tagen abschließen. Diese Frage sollte er mit dem Arbeitspaketverantwortlichen abklären.

- Arbeitspakete parallelisieren: Eventuell ist es möglich, bestimmte Arbeitspakete nicht nacheinander, sondern gleichzeitig zu erledigen.

- Arbeitsschritte zusammenlegen: Beispielsweise können für eine Software die Benutzeranleitung und die technische Dokumentation gemeinsam erstellt werden.

- Arbeitspakete streichen: Möglicherweise lassen sich einige Arbeitspakte komplett streichen, ohne dass sich dies auf Lasten und Pflichten auswirkt. Wenn z. B. bei einer Automobilentwicklung die Strömungssimulation für den neuen Außenspiegel vorgesehen ist, kann bei Verwendung des bisherigen Außenspiegels darauf verzichtet werden.

- Urlaub verschieben: Die Mitarbeiter können gebeten werden, ihren Urlaub zu verschieben, um das Projekt schneller zu beenden. Es ist auch möglich, eine vorübergehende Urlaubssperre zu verhängen. Das könnte aber viele Mitarbeiter verärgern, die Motivation senken und letztendlich kontraproduktiv wirken. Es ist deshalb besser, auf Freiwilligkeit zu setzen und z. B. als Anreiz Prämien anzubieten.

- Mehrarbeit: Überstunden können zu einer schnelleren Projektabwicklung beitragen. Unbezahlte Mehrarbeit führt verständlicherweise bei den Mitarbeitern zu Verstimmungen und kann die Effizienz sogar reduzieren. Deshalb sollte der Projektleiter bei erzwungenen Verkürzungen der Projektlaufzeit die Führungsebene in die Pflicht nehmen und eine Bezahlung der Mehrarbeit bewirken.

- Anreize zur Motivation der Mitarbeiter und Erhöhung der Produktivität geben: Beispielsweise kann die Geschäftsführung persönlich an Projektbesprechungen teilnehmen.

- Bessere Arbeitsbedingungen: Störungsfreieres Arbeiten für die Mitarbeiter, z. B. die rollierende Übernahme des Telefondienstes durch ein Teammitglied.

- Erfahrenes Personal einsetzen: In der Materie unerfahrene Mitarbeiter müssen sich erst einarbeiten. Diese Lernphasen lassen sich einsparen oder verkürzen, indem man erfahrene Kollegen einsetzt, sofern sie verfügbar sind und intern mit demselben Kostensatz abgerechnet werden.

Neben der Terminplanüberarbeitung wird die Projektleitung mit dem Team ein Risikomanagement aufsetzen. Die Risiken werden identifiziert und vorbeugende Maßnahmen berücksichtigt, um das Eintreten der Risiken zu verhindern oder zu vermindern. Ein Teammitglied wird beauftragt, das Risikomanagement aktiv zu betreiben. Außerdem wird die Projektleitung eine konsequente Projektverfolgung einrichten. In knappen Zeitabständen wird auf Folgendes geschaut: Was wurde an Sachergebnissen erreicht, wo gibt es Probleme und wie sind diese zu lösen? Diese Rück- und Vorschau wird auch für die Kosten und Termine durchgeführt.

Hier lehnen Sie sich weit aus dem Fenster. Scheitern Sie, wird jeder sagen: „Warum haben Sie das nicht vorausgesehen?". Das Vertrauen in Sie geht verloren.

So entschärfen Sie die Bombe

1 Machen Sie bei der Übernahme des zeitlich verkürzten Projektes eindeutige Zusagen, wie z. B. „Ich nehme die terminliche Herausforderung an unter der Voraussetzung, dass wir zum nächsten Meilenstein – auf Grund der Erfahrungen – den Terminplan nochmals kritisch ansehen."

2 Bieten Sie einen Plan B an, falls Plan A doch nicht durchführbar ist. Schlagen Sie z. B. verschieden Ausbaustufen des Projektes vor.

3 Sichern Sie sich die Unterstützung durch das Management, z. B.: „Ich werde das Projekt durchführen. Dazu brauche ich aber Ihre Unterstützung mit Rat und Tat. Wann kann ich bei Ihnen vorbeikommen, um das zu besprechen?"

PRO

Termine: Termine können durch massive Unterstützung der Beteiligten und mit hohem Koordinationsaufwand gehalten werden.

Karriere: Gelingt es Ihnen, den „utopischen" Endtermin bei gefordertem Liefer- und Leistungsumfang zu stemmen, sind Sie der Held.

CONTRA

Termine: Sie lassen sich wider besseres Wissen auf diesen Weg ein. Zunächst haben Sie einen Terminplan vorgelegt und dieser ist gestrafft worden, ohne dass Sie sich die Auswirkungen genauer ansehen konnten. Außerdem: Schaffen Sie den fremd gesetzten Termin, werden Sie es beim nächsten Projekt schwer haben, Ihren eigenen Terminplan glaubwürdig zu vertreten.

Kosten: Terminverkürzung wird durch Mehrkosten erkauft. Detaillierte Planung, mehr Koordination, höherer Personaleinsatz und Risikomaßnahmen sind Kostentreiber.

Qualität: Die straffen Termine können zu Hektik im Projekt führen und damit zwangsläufig zu Fehlern. Die Qualität sinkt, die Kosten steigen.

Karriere: Sie pokern hoch, und wenn das Projekt schief geht, verlieren Sie. Verlierer haben es schwer, Karriere zu machen.

Fazit: Wann dieser Weg Erfolg verspricht

Der sportliche Weg birgt eine hohe Gefahr des Scheiterns. Andererseits bietet er viele Chancen für die Karriere. Deshalb sollten Sie sich diesen Weg sehr genau überlegen. Wesentlich ist, dass Sie Ihr Projekt in Etappen einteilen und genau festlegen, welche Sachergebnisse am Ende jeder Etappe fertig sein sollen. Hartes Termin- und Kostencontrolling auf der Basis einer detaillierten Projektplanung sind unabdingbar. Ergänzt wird dies durch proaktives Risikomanagement.

Es kommt darauf an, in welcher Firma Sie das Projekt stemmen sollen. Es gibt Firmen, die sehr erfolgsorientiert sind. Deren Führungskräfte akzeptieren nicht, wenn gleich am Anfang auf einen möglichen Misserfolg hingewiesen wird. Hier ist es sicherlich ratsam, erst einmal anzufangen und später dann Schritt für Schritt auf die Risiken hinzuweisen.

3 Der kreative Weg: Alternativen entwickeln und neu verhandeln

Bei diesem Weg wirft der Projektleiter seine Planung nicht leichtfertig über Bord, nur weil der Auftraggeber oder die Geschäftsführung eine Beschleunigung des Projekts fordern. Er erläutert dem Management nochmals seine planerischen Überlegungen und zeigt den kritischen Pfad auf. Hier besteht die größte Hebelwirkung zur Beschleunigung des Projekts. Deshalb bietet der Projektleiter dem Lenkungsausschuss an, binnen weniger Tage Vorschläge zu machen, um die Durchlaufzeit der Arbeitspakete und damit auch die Gesamtdurchlaufzeit des Projektes zu verkürzen. Er verweist auch auf sein Team, das er einbinden möchte.

Oft ist es nicht möglich, den Terminplan allein mit kostenneutralen Maßnahmen zu straffen (wie in Weg 2 ab S. 29 beschrieben). Deshalb müssen auch solche Maßnahmen geprüft werden, die Kosten verursachen. Der Projektleiter sollte entsprechende Vorschläge mit seinem Kernteam erarbeiten und dem Management unterbreiten. Zugleich bedeutet dies, dass er mit dem Auftraggeber über die bei solchen Maßnahmen notwendige Budgeterhöhung verhandeln muss. Folgende Maßnahmen kommen prinzipiell in Frage:

- Ressourcenkapazität erhöhen: Mitarbeiterzahl erhöhen, Verfügbarkeit vergrößern (Erhöhung der Tages- bzw. Wochenarbeitszeit), Fremdpersonal zukaufen.

- Outsourcing: Arbeitspakete oder Aufgaben an externe Dienstleister oder Hersteller vergeben.

- Effizienz steigern: Intelligenter arbeiten, z. B. bei Verlagerung der Produktionsstätte die Anlagen für den Transport nicht zerlegen, sondern durch Luftkissen komplett transportieren lassen.

- Zulieferer zur früheren Lieferung motivieren: Falls z. B. ein Zulieferer über ausreichende Ressourcen verfügt, kann er eine weitere Schicht einführen, wobei die Mehrkosten vom Auftraggeber übernommen werden. Auch die Vergabe eines Folgeauftrags kann an die Einhaltung eines früheren Liefertermins gekoppelt werden.

- Experten einkaufen: Experten sind teuer, arbeiten aber oft schneller als Teammitglieder, die sich erst in die Materie einfinden müssen.

Um Zeit zu sparen, können in Absprache mit dem Auftraggeber auch die Inhalte des Auftrags oder des Vertrags geändert werden:

- Funktionen des zu erbringenden Ergebnisses reduzieren: Die vom Auftraggeber geforderten Funktionen kritisch hinterfragen und nach ihrer Wichtigkeit priorisieren. In Abstimmung mit dem Auftraggeber kann man die Funktionen mit der geringsten Bedeutung entfallen lassen.

- Wenn für den vorgezogenen Termin nicht der gesamte Leistungsumfang erforderlich ist, kann man Ausbaustufen mit Teilleistungen und Teilabnahmen vereinbaren.

- Qualitätsansprüche reduzieren: Es kann z. B. durch das Überspringen einiger zeitaufwändiger Tests in der Software-Entwicklung der Projektablauf beschleunigt werden. Das geschieht allerdings zu Lasten der Funktionssicherheit und Stabilität des Produkts.

- Mit Basiskomponenten arbeiten: Bei modularen Produkten nicht alle ursprünglich dafür vorgesehenen Komponenten neu entwickeln, sondern auf bestehende Versionen zurückgreifen. In der Automobilindustrie werden z. B. für verschiedene Modelle die gleichen Grundkomponenten verwendet.

Als Projektleiter sollten Sie hierzu Ihre Präsentation gut vorbereiten:

■ Stellen Sie Ihren Terminplan visuell und anschaulich dar. Gehen Sie anhand des kritischen Pfades alle Alternativen und deren Auswirkungen durch und begründen Sie Ihre Entscheidung für den vorgelegten Terminplan.

■ Legen Sie alle Risiken schonungslos offen. Achten Sie darauf, dass nicht der Eindruck des „Jammerns" entsteht, sondern dass mindestens drei Risiken auch eine Chance gegenüber steht.

Vermeiden Sie bei der Präsentation Konfrontationen und bleiben Sie sachlich. Gehen Sie Machtkämpfen aus dem Weg. Fragen Sie nach: „Was meinen Sie damit?" oder „Was wollen Sie mir damit sagen?". Falls Sie dem Druck nachgeben und sich auf den aus Ihrer Sicht „utopischen" Terminplan einlassen, stellen Sie auf jeden Fall sicher, weshalb Sie sich auf die Situation einlassen und welche Probleme damit auf alle Beteiligten zukommen. Später darf Ihnen niemand den Vorwurf machen können: „Wir haben nicht gewusst, was dies für Konsequenzen für uns hat".

 VORSICHT BOMBE!

Wenn Sie am Schluss der Verhandlung einer Terminstraffung zustimmen, dann kann Ihnen unterstellt werden, dass Ihr Terminplan offensichtlich eine solche Straffung hergibt. Es werden Reserven im Projektablauf vermutet, die Sie unkommentiert aufgeben. Es wird heißen: Wenn wir Druck machen, dann sind „utopische" Termine plötzlich doch erreichbar.

So entschärfen Sie die Bombe

1 Damit Sie nicht Ihre Glaubwürdigkeit verlieren, sollten Sie schon bei der Erstpräsentation des Terminplanes die enthaltenen Reserven offen legen. Erläutern Sie, welche Risiken Sie mit den Reserven auffangen oder minimieren wollen.

2 Gehen Sie schon mit Alternativen in die Erstpräsentation Ihres Projektes hinein. Zeigen Sie anhand des kritischen Pfades auf, was es bedeutet, wenn Sie einerseits mehr Personal einsetzen oder andererseits mehr Überlappungen und Parallelaktivitäten der Arbeitspakete zulassen.

PRO

Termine/Kosten/Qualität: Falls das Management Ihrer Argumentation folgt und den Terminplan nicht strafft, dann können Sie die Ergebnisse qualitativ, termingerecht und kostensicher erreichen.

Karriere: Falls sich Ihre Vorgesetzten nicht auf Ihre Alternativen einlassen und wegen der verordneten Projektbeschleunigung das Vorhaben terminlich und kostenmäßig aus den Fugen gerät, sind Sie auf der sicheren Seite. Sie haben schließlich rechtzeitig auf die Schwierigkeiten und Risiken hingewiesen.

CONTRA

Kosten: Kostenüberschreitungen, ausgelöst durch erhöhten Ressourceneinsatz wegen der Terminstraffung, werden häufig auch ohne Aufzeigen der Alternativen vom Management klaglos akzeptiert. Der voraussichtliche Umsatzgewinn bringt häufig viel mehr, als letztlich die Mehrkosten ausmachen.

Karriere: Manche Vorgesetzte lassen sich ungern auf Diskussionen ein. Sie vermitteln den Eindruck, das Aufzeigen von Problemen sei unerwünscht. Sie sehen gern Herausforderungen und suchen Personen, die diese unreflektiert annehmen. Dieser Weg könnte also Ihrer Karriere schaden.

Fazit: Wann dieser Weg Erfolg verspricht

Der kreative Weg ist empfehlenswert, wenn Sie in einem Unternehmen arbeiten, in dem es wichtig ist, Fehler zu vermeiden und damit auch die Kosten zu halten. Dies gilt auch für Unternehmen, die ein hohes Kostenbewusstsein haben oder gesteigerten Wert auf Qualität legen.

Das Vorgehen setzt einen kooperativen Führungsstil im Unternehmen voraus. Die Argumente, die Sie als Projektleitung vorbringen, müssen ernst genommen werden und die Beteiligten müssen gewillt sein, in eine offene und konstruktive Diskussion einzusteigen.

Mein Weg: Aufzeigen von Zeitsparfaktoren – so bin ich vorgegangen

Der Projektleiter des Bau- und Anlagenprojektes hat der Terminverkürzung nur bedingt zugestimmt. Er bat die Geschäftsführung, zunächst das erste Teilprojekt „Engineering" durchführen zu dürfen, um dann zum Meilenstein „Zeichnungsfreigabe" die Terminsituation neu betrachten zu können. Dem stimmte das Management zu. Nun kam ich ins Spiel. Ich bin als Projektmanagement-Berater eingeladen worden, mir zunächst die Pläne anzuschauen und Vorschläge zur Beschleunigung zu machen. Dann ist unter meiner Moderation ein Workshop „Analyse potenzieller Probleme im Projekt" durchgeführt worden. Die Auswertung der beiden Aktionen ergab einige Vorschläge, die im Folgenden umgesetzt wurden, z. B.

- Installation eines externen Projektcontrollers für Termin- und Kostenverfolgung,
- Einholung einer Teilgenehmigung seitens der Behörden, den Hallenbau gleich zu beginnen,
- Reduzierung der Anzahl von Lieferfirmen,
- Erhöhung der Befugnisse des Projektleiters für die Vergabe von Aufträgen an die Lieferanten,
- Festsetzung eines Jour fixe mit dem Management (z. B. alle vier Wochen)
- Freistellung von zwei bis drei Mitarbeitern für die fachliche Betreuung des Projektes,
- möglichst parallele Gestaltung von Montage, Inbetriebnahme, Mitarbeiterschulung und Abnahme.

Vier Wochen nach dem Workshop stellte der Projektleiter der Geschäftsführung dar, was in dieser Zeit erreicht wurde. Außerdem erläuterte er, mit welchen Maßnahmen der Terminplan verkürzt eingehalten werden konnte. Mittlerweile ist das Projekt abgeschlossen worden. Der verkürzte Endtermin konnte eingehalten werden. Die Produktion läuft wie gewünscht. Bei den Kosten sind Überschreitungen von 15 % nachträglich vom Management akzeptiert worden.

1 Wenn Sie Terminpläne präsentieren, dann müssen Sie mit einer Termindiskussion rechnen. Also bringen Sie gleich Vorschläge mit, die eine Straffung des Terminplans bewirken. Legen Sie Zeitpolster offen.

2 Stimmen Sie einer Terminverkürzung nur zu, wenn auf der Ressourcen- und Kostenseite Zugeständnisse gemacht werden.

3 Handeln Sie bei drastischen Terminstreichungen auch eine Reduzierung des Projektergebnisses aus. Bieten Sie ein Stufenmodell an.

4 Bereiten Sie sich gut vor. Ein realistischer, nachvollziehbarer Terminplan und eine anschauliche Präsentation sind ein Muss, wenn Sie in der Terminfrage bestehen wollen.

Diese Tools brauchen Sie

NÜTZLICHE TOOLS

Tool	Kurzbeschreibung Stärken/Schwächen	Aufwand Nutzen
Arbeitspakete-Struktur (Projektstrukturplan/PSP)	Wird erstellt, indem aus den Endergebnissen (Projektergebnisstruktur) und den Zwischenergebnissen (Meilensteine) die Aufgaben abgeleitet und zu Arbeitspaketen gebündelt werden. Aufgaben werden damit vollständig erfasst. Gute Grundlage für die Terminplanung. Erfordert große Sorgfalt.	●●●● ★★★★★
Auftragsklärung	Bringt prägnant und vollständig die organisatorische Klärung des Auftrags. Zeitaufwändig, verhindert aber spätere, noch zeitintensivere Klärungen.	●●● ★★★★★
Balkenplan (Terminplan)	Grafische Darstellung der Arbeitspakete/Aufgaben mit Abhängigkeiten und Durchlaufzeiten. Zeigt, wie das Projekt abzuwickeln ist. Weist über die Kapazitätsplanung die Machbarkeit des Projektes nach. Ist das A und O für die spätere Terminverfolgung.	●●●● ★★★★

Tool	Kurzbeschreibung Stärken/Schwächen	Aufwand Nutzen
Kapazitäts-planung ☑	Kalendarische Zuordnung des Know-how (Personal) zu den Arbeitspaketen, um die Durchlaufzeiten (Dauer) pro Arbeitspaket zu ermitteln. Pro Person oder Gruppe ist sie Grundlage für eine realistische Terminplanung.	●●● ★★★★
Lastenheft	Der Auftrag wird aus der Sicht des Auftraggebers festgelegt. Beinhaltet alle Anforderungen aus der Sicht des Auftraggebers. Umfang abhängig vom Auftrag. Kostet Zeit und Geld, bringt jedoch das Projekt inhalt-lich auf eine sichere Basis. Spätere Modifikationen lassen sich klarer als Änderungen identifizieren.	●●● ★★★★★
Liste Offener Punkte (LOP)	Liste, die alle Aufgaben und weiteren Aktivitäten fest-hält, bis sie abgearbeitet sind. Für die Projektleitung ein wichtiges Führungsmittel, um Überblick zu behal-ten und die Beteiligten in die Pflicht zu nehmen.	●● ★★★★
Meilenstein-Technik	Das Projekt wird in Etappen zerlegt, am Ende einer Etappe wird ein Meilenstein gesetzt. Die Frage „Welche Ergebnisse sind zum jeweiligen Meilenstein fertig?" beschreibt den Meilenstein inhaltlich. Im Rahmen der Terminplanung wird dem Meilenstein ein Zeitpunkt zugeordnet und im Rahmen der Kalkulation ein Bud-get. Dient der besseren Kontrolle und Risikobegrenzung des Projektes. Für sich wiederholende, einfache Projek-te können standardisierte Meilensteine verwendet werden, auch Phasenmodell genannt.	●● ★★★★
Pflichtenheft	Beschreibt aus der Sicht des Auftragnehmers die Lö-sungen für die Anforderungen des Auftraggebers und schreibt in diesem Sinne das Lastenheft fort. Für eine vollständige Auftragsklärung, gerade bei umfangrei-chen und komplexen Projekten, unabdingbar.	●●●●● ★★★★★

Tool	Kurzbeschreibung Stärken/Schwächen	Aufwand Nutzen
Problem-strukturie-rung	Technik der Problemanalyse. Kommt zum Einsatz, wenn noch keine eindeutigen Projektziele definierbar sind. Dazu kann das Fischgräten-Diagramm genutzt werden: Die Ursachen für das Problem werden identifiziert. Dadurch lassen sich die Ziele leichter ableiten.	● ★★★
Projekt-ergebnis-(struktur)	Listet alle Ergebnisse auf, die am Ende des Projektes konkret an den Auftraggeber übergeben werden. Liefert die Gliederung für das Pflichtenheft. Mit ihr wird zu einem frühen Zeitpunkt bereits geklärt, was der Auftraggeber beim letzten Meilenstein konkret geliefert bekommt. Senkt die Gefahr von Missverständnissen.	●● ★★★★★

Die mit dem Icon 🔽 gekennzeichneten Tools können Sie im Internet unter www.projektmagazin.de/klartext abrufen.

Die besten Tools – wie sie funktionieren

Arbeitspakete-Struktur (Projektstrukturplan/PSP) 🔽

Sie listet die Arbeitspakete nach Meilensteinen auf. Wie wird die Arbeitspakete-Struktur erstellt? Sie kann Schritt für Schritt von der Projektergebnisstruktur und den Meilenstein-Ergebnissen abgeleitet werden. Diese systematische Vorgehensweise zwingt Sie, gründlich nachzudenken, um eine vollständige Arbeitspakete-Struktur zu bekommen.

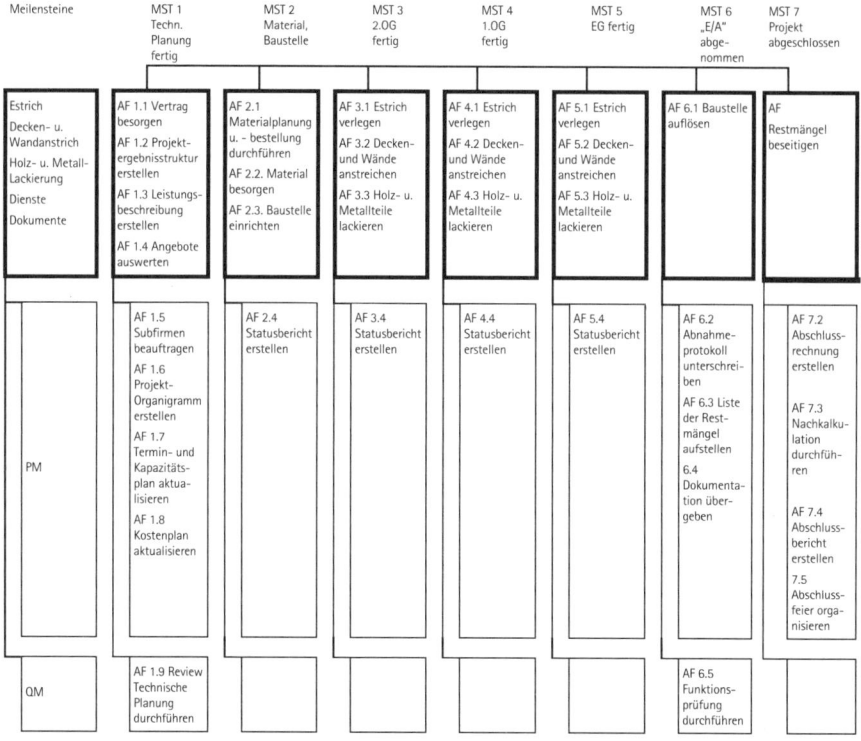

Beispiel für eine Arbeitspakete-Struktur

Auftragsklärung

Die Auftragsklärung dient dazu, zum Start des Projektes möglichst alle offenen Gesichtspunkte zu klären oder festzulegen, bis wann wer was erledigt.

Organisation klären	Ziele klären
⇨ Orga-Checkliste	⇨ Fragetechnik ⇨ Lastenheft
Problem analysieren	**Lösungen finden**
⇨ Fischgräten-Diagramm	⇨ Projektergebnis ⇨ Pflichtenheft

Die Instrumente der Auftragsklärung

Das Übergabegespräch zwischen dem Auftragnehmer und dem Projektleiter gibt diesem die Möglichkeit, organisatorische und inhaltliche Gesichtspunkte des Projektes zu klären. Dabei ist es wichtig, dass beide Seiten ein einheitliches Verständnis zum Projekt bzw. zum Auftrag entwickeln.

Zielsetzung: Übergabe des Projekts „Umzug der Firma xy in ein neues Gebäude"			
TOP	Was?	Wer?	Dauer
1	Zielsetzung des Umzuges	Hr. Meyer	10 Min.
2	Aktueller Sachstand des Neubaus	Hr. Müller	10 Min.
3	Rahmentermine für den Umzug	Hr. Meyer	10 Min.
4	Vorstellungen über den Ablauf des Umzugs	Hr. Meyer	20 Min.
5	Durchsprache LOP	Fr. Huber	20 Min.
Folgende Unterlagen werden benötigt:			
1. Grundrisse der Gebäude			
2. Zeitplan			
3. LOP			

Beispiel einer Agenda des Übergabegesprächs

Als Gesprächsgrundlage für das Übergabegespräch kann die Orga-Checkliste verwendet werden:

TOP/ Datum	Was?	Wer?	Mit wem?	Bis wann?	Erledigt
	Wichtige Namen und Ansprechpartner?				
	Projekt-Organigramm schriftlich?				
	Gibt es einen Steuerkreis/Lenkungsausschuss?				
	Sind die Mitglieder des Steuerkreises/Lenkungsausschusses bekannt?				
	Wer ist im Kernteam?				
	Wer ist im erweiterten Team?				
	Wer ist Projektleiter?				
	Wer ist Auftraggeber?				
	Wer ist der Ansprechpartner im Unternehmen?				
	Sind der Auftraggeber und der Auftragnehmer namentlich bekannt?				
	Sind die erwünschten Ressourcen mit dem Auftragnehmer abgestimmt?				
	Wie ist das Projekt in das Unternehmen eingebunden?				
	Gibt es eine Unterschriftenregelung?				
	Sind Rechte und Pflichten ausgewogen?				
	Sind Rechte und Pflichten schriftlich fixiert?				

Beispiel einer Orga-Checkliste

Für die Kommunikation bei der Auftragsklärung empfiehlt sich, die Fragetechnik einzusetzen:

- Offene Fragen: Wer, wie, wo, wie viel, was, ...?
- Geschlossene Fragen, die nur eine Antwort mit Ja/Nein zulassen.
- Aktive Kommunikation: „Habe ich Sie richtig verstanden, dass Sie dies so oder so gemeint haben?", also mit eigenen Worten das Gehörte wiedergeben und mit einer klärenden Frage abschließen.

Zum Lastenheft siehe S. 44, Fischgräten-Diagramm S. 49, Projektergebnis S. 49 und Pflichtenheft S. 48.

Balkenplan/Terminplan

Im Balkenplan werden Dauer und Abhängigkeiten der Arbeitspakete/Aufgaben durch Balken visualisiert. Bei der Erstellung können Sie folgendermaßen vorgehen: Nachdem der Input für den Balkenplan – die Arbeitspakete-Struktur (siehe S. 39), die verfügbare Kapazität und die Durchlaufzeit (Dauer, siehe S. 44) – geklärt ist, überlegen Sie, wie die Arbeitspakete zusammenhängen:

- Welche Arbeitspakete können/müssen parallel oder überlappend erledigt werden?
- Welche Arbeitspakete können/müssen sequenziell abgearbeitet werden?

Der auf diese Weise erstellte Terminplan weist dann den zeitkritischen Pfad aus, d. h., ein Arbeitspaket endet und das nächste beginnt sofort. Zwischen diesen Arbeitspaketen ist kein Puffer, der den Beginn des Arbeitspaketes bezogen auf das nachfolgende Arbeitspaket flexibel macht. In einem Projektmanagement-Werkzeug wie MS Project sieht der Terminplan folgendermaßen aus:

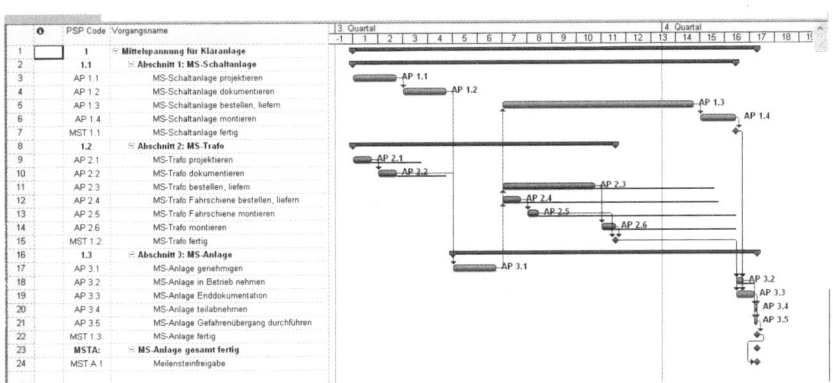

Beispiel eines Terminplans in MS Project

Kapazitätsplanung

Bei der Kapazitätsplanung wird anhand der Formel

$$\frac{\text{Aufwand}}{\text{Kapazität (z. B. Personen)}} = \text{Dauer}$$

errechnet, wie lange ein Arbeitspaket zeitlich dauert, wenn Aufwand und verfügbare Kapazität für den Zeitraum des Arbeitspaketes feststehen. Grafisch kann die eingeplante Kapazität auf dem Zeitstrahl als Kapazitätsgebirge dargestellt werden.

Eine Darstellungsmöglichkeit für mehrere Projekte ist die folgende:

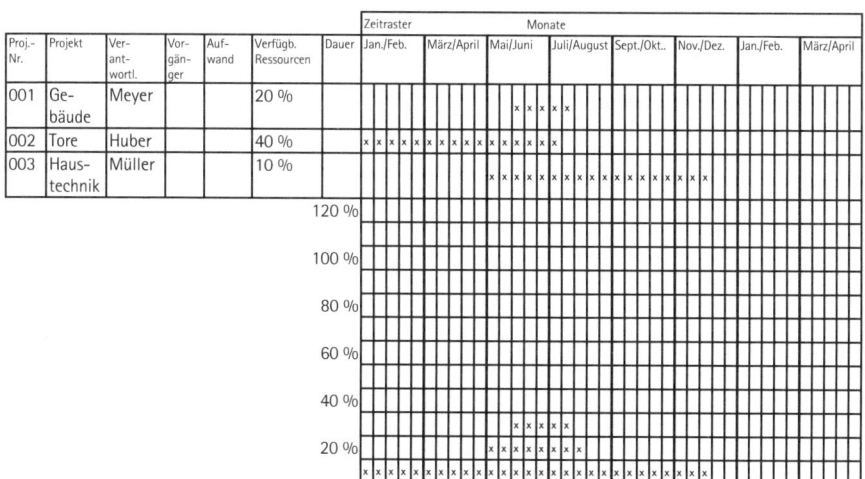

Beispiel einer Kapazitätsplanung für mehrere Projekte

Lastenheft

Es stellt die Anforderungen des Auftraggebers/Kunden dar und sollte die drei folgenden Fragen hinreichend beantworten:

1 Die Frage nach den Sachzielen: Was soll z. B. das Produkt/die Anlage/die Umorganisation/die Software können?

- Funktionen
- Leistungen

- Qualität
- Schnittstellen

2 Die Frage nach den Abwicklungszielen: Welche Anforderungen werden an den Weg zum Projektergebnis gestellt?

- Termine
- Kosten
- Finanzierung
- Transparenz
- Ablauf/Meilensteine
- Ressourceneinsatz

3 Die Frage nach den Rahmen- und Randbedingungen: Welche Einflussfaktoren wirken auf das Projekt ein?

- Kapazität
- Konventionen
- Normen
- Gesetze
- Richtlinien
- Umweltschutz
- Patente
- Standort
- Kulturen
- Projektsprache
- Know-how

Beispiel für die Gliederung eines Lastenheftes

1 Einführung in das Projekt
2 Beschreibung der Ausgangssituation (IST-Zustand)
3 Aufgabenstellung (SOLL-Zustand – Auftraggeberziele)
4 Anforderungen an die Systemtechnik (System, Sachziele)
5 Anforderungen an die Qualität
6 Anforderungen für die Inbetriebnahme und den Einsatz
7 Anforderungen an die Projektabwicklung (Abwicklungsziele)
8 Schnittstellen
9 Rand-/Rahmenbedingungen

Beispiel für ein einfaches Lastenheft für ein Ein-/Ausfahrtstor für Garagen

Sachziele

- Bei der Einfahrt wird von einem Automaten ein Ticket ausgegeben und die Einfahrtsschranke geöffnet.
- Angestellte des Einkaufszentrums können mit ihrem Firmenausweis die Einfahrtsschranke öffnen.
- Nichtangestellte des Einkaufszentraums entwerten ihr Ticket und zahlen ab der zweiten Stunde die festgelegte Parkgebühr.
- Bei der Ausfahrt wird das entwertete Ticket in den Schluckleser der Ausfahrtsschranke eingeführt und diese öffnet sich.
- Angestellte des Einkaufzentrums können die Ausfahrtsschranke mit ihrem Firmenausweis öffnen.
- Vor 6 Uhr und nach 23 Uhr ist das Parkhaus zusätzlich mit je einem Rolltor nach der Ein- und Ausfahrtsschranke verschlossen.

Abwicklungsziele

- Maximal 90 % des Angebotswerts dürfen als Kosten entstehen.
- Die Anlage soll 5 Monate nach Auftragserteilung in Betrieb gehen.
- Bauliche Errichtung der Anlage in den Sommerferien.
- Projektmanagement und Systemausführung durch Ingenieurbüro.
- Bauausführung durch bewährte Lieferanten.

Rahmen- und Randbedingungen

- Koordination mit bauseitiger Fertigstellung des Parkhauses.
- Zeitweise Nutzung des Parkhauses bei Veranstaltungen.
- Stromversorgung während der Arbeiten durch Baustromverteiler.
- Induktionsschleifen für die Ein- und Ausfahrtsschranken werden durch die Firmen, welche für die Asphaltarbeiten zuständig sind, durchgeführt.

Liste offener Punkte (LOP)

Im Laufe des Projekts entstehen Zusagen und weitere Aktivitäten, die in einer Aufgabenliste, genannt Liste offener Punkte (LOP), erfasst und abgearbeitet werden.

TOP/ Datum	Was?	Wer?	Mit wem?	Bis Wann?	Erledigt
28.01.	Weitere Angebote zum Tiefbau einholen	Meyer	Huber	01.02.	
28.01.	Vorbereitung der Meilenstein-Freigabe	Müller	Meyer	04.02.	
28.01.	Abgabe Angebot persönlich terminieren	Meyer	Huber	04.02.	

Beispiel eines Ausschnitts aus einer LOP

Meilenstein-Technik

Die Meilenstein-Technik sollte immer eingesetzt werden, da auf diese Weise der Weg des Projekts in überschaubare Einheiten zerlegt wird und so besser planbar bzw. verfolgbar ist. Sie basiert auf dem Prinzip, den Weg des Projektes in einzelne Etappen (Abschnitte) aufzuteilen.

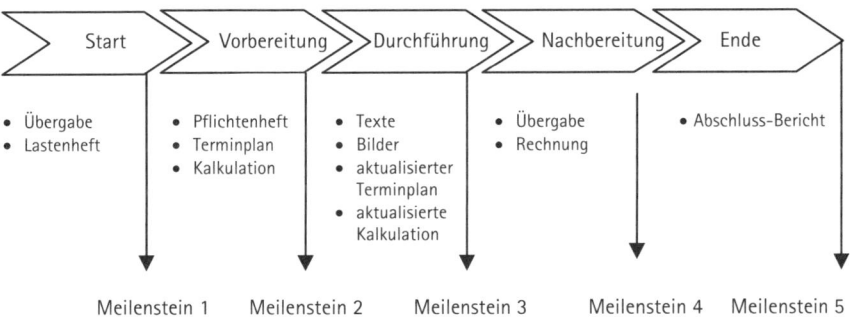

Beispiel eines Meilenstein-Plans für kleinere Projekte

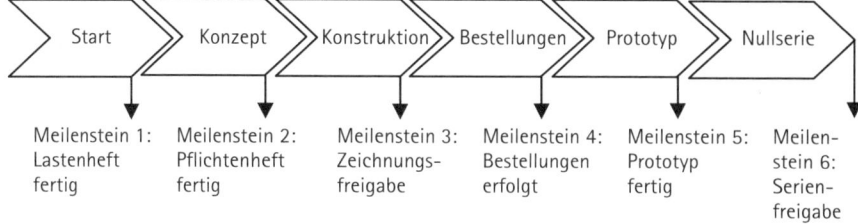

Beispiel eines Meilenstein-Plans für größere Anlagen-Projekte

Wichtig ist, für jeden Abschnitt die anfallenden Ergebnisse herauszufinden. Damit wird sicher gestellt, dass die spätere Projektstruktur vollständig ist. Was ist fertig, wenn wie im Beispiel die Konstruktion fertig ist bzw. der Meilenstein „Zeichnungsfreigabe" erreicht ist? Beispielhaft ergeben sich folgende Zwischenergebnisse:

- Zeichnungen
- Angebote der Zulieferer
- Modifizierte Kalkulation
- Stücklisten
- Modifiziertes Pflichtenheft
- Modifizierter Termin

Pflichtenheft

Im Pflichtenheft stellt der Auftragnehmer die Lösungen dar, die er auf Grund des Lastenheftes gefunden hat. In der Praxis hat sich eingebürgert, dass das Lastenheft um zwei Punkte zum Pflichtenheft erweitert wird. Beispiel einer Gliederung des Pflichtenheftes:

Gliederungspunkte 1 bis 9 des Lastenheftes (siehe S. 45)

10 Systemtechnische Lösungen mit Projektergebnis

11 Systemtechnik (Ausprägung)

(Anhänge, z. B. Skizzen, Materialliste, Lieferantenauswahl)

Problemstrukturierung

Sie zielt darauf ab, die Ursachen eines Problems zu finden und diese mit Beispielen zu belegen. Dazu wird das Fischgräten-Diagramm genutzt. Wer die Ursachen eines Problems kennt, kann daraus leichter Ziele ableiten.

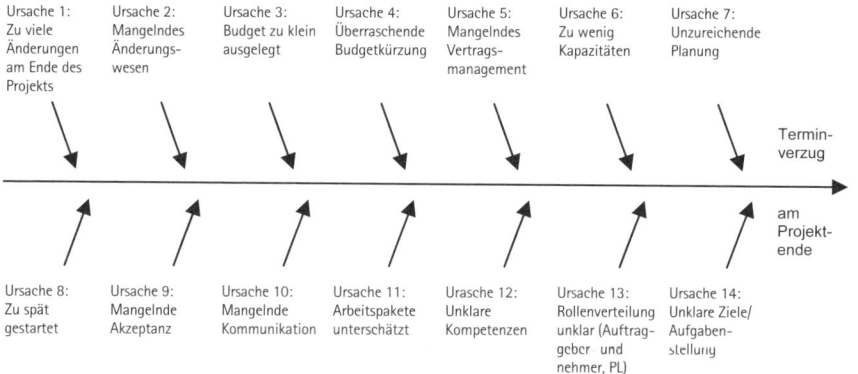

Beispiel eines Fischgräten-Diagramms zur Problemstrukturierung

Auf der rechten Seite wird das Problem genannt, z. B. „Terminverzug am Projektende". Nun wird gefragt, welche Ursachen dazu führten. Dies können z. B. unzureichende Planung oder mangelnde Kapazitäten sein.

Projektergebnis(struktur)

Sie soll helfen, sich Klarheit darüber zu verschaffen, was am Ende des Projektes an den Auftragnehmer bzw. Auftraggeber übergeben wird. Das Projektergebnis wird in einer Baumstruktur dargestellt. Diese Visualisierung ist ein wichtiges Instrument, den Inhalt des Projektes möglichst früh festzuschreiben und Missverständnisse zu verhindern bzw. zu reduzieren. Wie vorgehen? Nach dem Lastenheft gehen Sie gedanklich ans Ende des Projektes, z. B. Start der Produktion oder Abnahme. Sie fragen sich: „Was wird am Ende dem Auftraggeber bzw. Auftragnehmer konkret übergeben?" Bei Anlagen werden z. B. Anlagenteile, Steuerungssoftware, Dokumentation und Service übergeben.

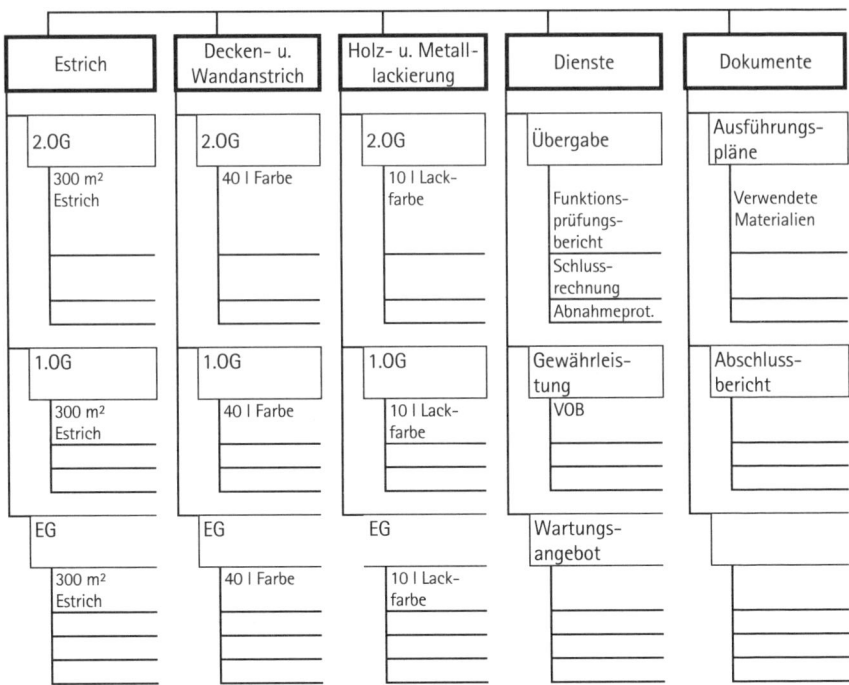

Estrich	Decken- u. Wandanstrich	Holz- u. Metall-lackierung	Dienste	Dokumente
2.OG	2.OG	2.OG	Übergabe	Ausführungs-pläne
300 m² Estrich	40 l Farbe	10 l Lack-farbe	Funktions-prüfungs-bericht	Verwendete Materialien
			Schluss-rechnung	
			Abnahmeprot.	
1.OG	1.OG	1.OG	Gewährleis-tung	Abschluss-bericht
300 m² Estrich	40 l Farbe	10 l Lack-farbe	VOB	
EG	EG	EG	Wartungs-angebot	
300 m² Estrich	40 l Farbe	10 l Lack-farbe		

Beispiel einer Projektergebnisstruktur

Schätzmethoden

Sie ermitteln den Zeitbedarf, der zur Erledigung des Arbeitspaketes benötigt wird. Dabei werden alle Zeiten berücksichtigt, wie z. B. Vorbereitung, Durchführung, Nachbereitung, Koordination, Kommunikation und Reisezeiten.

■ Die Schätzmethode „ Referenzprojekt" nimmt die Erfahrungswerte aus abgelaufenen Projekten und überträgt sie auf das aktuelle Projekt. Dabei ist zu beachten, dass gleiche oder ähnliche Arbeitspakete zur Aufwandsermittlung herangezogen werden.

■ Die Schätzmethode „Expertenbefragung" schätzt mit einem „Erfahrungsträger" die Arbeitspakete ab. Um den Aufwand für die Erstellung eines Pflichtenheftes zu ermitteln, kann der Experte anhand seiner Erfahrungen bei der Pflichtenheft-Erstellung sagen, wie viel Aufwand in Stunden oder Tagen dafür erforderlich sind.

2 Die Kosten planen

Man kann die elementare Frage des Wirtschaftens in Unternehmen auf eine einfache Formel bringen: Kosten + Gewinn = Umsatz. Doch wie ermittelt man die Sach- und Personalkosten des Projekts, wann erzielt es Gewinn und wie hält man die Kosten im Plan? Alles nicht leicht zu beantworten für einen Projektleiter, der neben der Sachaufgabe auch angehalten ist, mit den Kosten schonend umzugehen, die Kosten nachzuhalten und das Projekt im Budget abzuschließen. Die Aufgaben des Projektleiters umfassen: die Aufstellung der SOLL-Kosten (Vorkalkulation), die Erfassung der IST-Kosten im laufenden Projekt und die Gegenüberstellung der IST- und der SOLL-Kosten (Mitkalkulation oder Mitlaufende Kalkulation) und die Maßnahmen, wie die Kosten wieder auf Kurs zu bringen sind, wenn die angefallenen Kosten höher sind, als für einen bestimmten Zeitraum vorgesehen. Am Schluss eines Projekts steht die Nachkalkulation, also die Gegenüberstellung der tatsächlich angefallenen IST-Kosten und der SOLL-Kosten.

Dieses Kapitel befasst sich mit dem ersten Teil dieses Regelkreises des Controlling: der Kostenplanung. Sie erfahren, wie Sie

- am Anfang die Projektkosten richtig kalkulieren, also die SOLL-Kosten aufstellen (Vorkalkulation), um spätere Überraschungen zu vermeiden,

- mit Aufträgen umgehen, bei denen das Unmögliche möglich gemacht werden soll: ein Maximum an Leistung zum minimalen Preis,

- errechnen, wann ein Projekt sich lohnt, also Gewinn abwirft.

Wie kalkulieren Sie richtig?

» DAS SZENARIO

Ich beriet ein Start-up-Unternehmen, das mit einem neu entwickelten Produkt – Röhren aus Stahl, um für Banken die IT-Infrastruktur sicher unter der Erde zu verlegen – auf den Markt wollte. Es gelang dem Unternehmen, eine Bank für das Produkt zu interessieren, die rasch ein Angebot verlangte. Da man unternehmensintern bisher mehr mit der Weiterentwicklung der Technik als mit den Kosten des gesamten Vorhabens beschäftigt war, hatten sich die zwei Firmengründer noch keine Gedanken über die Verkaufspreise gemacht. Nun mussten schleunigst verlässliche Zahlen her. Die Herausforderung: Ist das Angebot zu teuer, erhält ein Mitbewerber den Auftrag. Ist das Angebot zu günstig, wird der Auftrag erteilt, bringt aber möglicherweise Verluste ein.

Wege zur Lösung

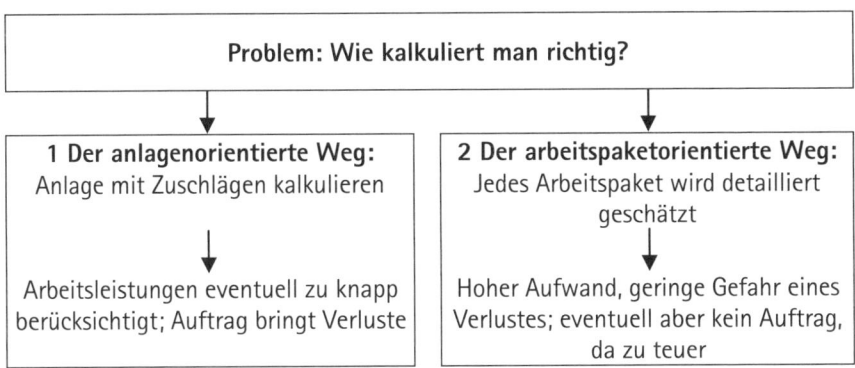

1 Der anlagenorientierte Weg: Anlage mit Zuschlägen kalkulieren

Zunächst wird dargestellt, aus welchen Bestandteilen die Anlage, das Produkt oder die Dienstleistung besteht. Das Ergebnis dieser Betrachtung ist die

Projektergebnisstruktur (siehe hierzu S. 49). Nun wird geschaut, welche Teile davon selbst entwickelt bzw. gefertigt werden und welche Teile von Fremdfirmen geliefert werden. Die selbst erstellten Teile werden soweit aufgesplittert, dass z. B. die Einzelteile einer Anlage über Preislisten bestellbar sind. Diese Preise werden mit einem bestimmten Prozentsatz, der die Arbeitsleistungen ausdrückt, erhöht. Dazu können zwei Schätzmethoden (siehe auch gleichnamiges Tool auf S. 81) herangezogen werden:

- Auf der Basis ähnlicher Aufträge, den so genannten Referenzprojekten, werden die Kosten aus der Erfahrung heraus ermittelt und für das neue Vorhaben als entsprechender Erfahrungswert berücksichtigt: Dies setzt voraus, dass die Erfahrungen aus dem Referenzprojekt auf das zu kalkulierende Vorhaben übertragbar sind.

- Wenn dies nicht der Fall ist, z. B. weil wie im Szenario keine Erfahrungswerte vorliegen, dann kann als alternative Schätzmethode die Expertenbefragung genutzt werden. In einer Klausur sitzen zwei bis fünf Experten und schätzen die Teile kostenmäßig ab. Dazu müssen die Preise pro Teil bekannt sein. Die Experten schlagen vor, wie viel Prozent für die Arbeitsleistungen eingestellt werden muss. Für diejenigen Teile, die zugekauft werden, werden Angebote beschafft.

Diese Zahlen fließen in die Vorkalkulation ein, in der z. B. im Szenario alle Kosten für die Angebotserstellung, für die Realisierung der Baulichkeiten und Anlage und für die Finanzierungskosten inklusive aller organisatorischen Aktivitäten aufgestellt werden. Aus der Vorkalkulation ergeben sich der Gewinn und die Kosten, die mit dem Auftraggeber/Kunde vereinbart werden. Dies wird in der Auftragskalkulation festgeschrieben.

VORSICHT BOMBE!

Die Personalkosten, insbesondere die eigenen, werden bei der Expertenbefragung nicht ausreichend berücksichtigt, so dass Kostenüberschreitungen vorprogrammiert sind.

So entschärfen Sie die Bombe

1 „Schieben" Sie vor Ihrem geistigen Auge die Anlagenteile durch den Meilensteinplan, z. B.: Eine Stahlröhre muss entwickelt, gefertigt, transportiert und

aufgestellt werden. Diese Arbeitsleistungen werden anhand der Prozesskette berücksichtigt.

2 Durch konsequente Nachkalkulation jedes Projekts ergeben sich Erfahrungen, die Sie für neue – ähnliche – Projekte verwerten können: Sie können so bei der nächsten Vorkalkulation realistische Zuschläge berücksichtigen.

 PRO

Termine: Angebote können zügig kalkuliert und abgegeben werden.

Kosten: Die wesentlichen Kosten sind im Angebot enthalten. Die Kosten für die Angebotserstellung bzw. Vorkalkulation sind gering.

Qualität: Es entsteht eine robuste Vorkalkulation, wenn die Projektstruktur sehr detailliert vorliegt und die richtigen Zuschläge eingesetzt werden.

Karriere: Sie zeigen, dass Sie in sehr kurzer Zeit Angebote stemmen können und so den Mitbewerbern eine Nasenlänge voraus sind.

 CONTRA

Termine: Durch den Termindruck bei der Kalkulation werden oft Arbeitspakete und spezielle Aufgaben vergessen. Die später nötigen Nachbesserungen werden zu Terminproblemen führen.

Kosten: Diese Art der Kalkulation übersieht die arbeitsintensiven Faktoren, z. B. Vor- und Nachbereitungsarbeiten eines Arbeitspaketes, und berücksichtigt auch nicht konkret den organisatorischen Aufwand. Die ungenaue Kalkulation birgt das Risiko, dass Kostenüberschreitungen auftreten.

Qualität: Werden die Kosten überschritten, wird während des Projekts entsprechend gegengesteuert. Sparmaßnahmen gehen aber meist zu Lasten der Qualität.

Karriere: Eine Kostenexplosion während des Projekts schädigt den Ruf der Projektleitung.

Fazit: Wann dieser Weg Erfolg verspricht

Dieser Weg ist sicherlich bei Bau- und Anlagenprojekten sinnvoll, wenn schon viele Erfahrungen beim Bauen der Anlagen vorliegen. Außerdem ist der Weg möglich, wenn bereits Erfahrungen mit Projekten ähnlicher Art existieren. Auch sollten in der Zusammenarbeit mit Zulieferfirmen und Teammitgliedern Erfahrungen und positive Erlebnisse vorhanden sein.

Bei Neuentwicklungen von Produkten und einem hohen Schwierigkeitsgrad einer Anlage ist dieser Weg allerdings gefährlich. Die hohe Arbeitsintensität und Überraschungen sind meistens nicht mitkalkuliert, so dass sie während des Projekts aufgefangen werden müssen. Deshalb setzt dieser Weg auf Erfahrung, Routine, niedrige Arbeitsintensität und niedrigen Koordinationsaufwand.

2 Der sorgfältige Weg: Jedes Arbeitspaket zählt

Auch bei diesem Weg wird geschätzt. Das zentrale Schätzobjekt ist hier das Arbeitspaket. Dies setzt jedoch voraus, dass die Arbeitspakete sehr sorgfältig gebildet werden (siehe hierzu das Hauptkapitel 1). In jedem Arbeitspaket stehen Zwischenergebnisse, die letztlich zum fertigen Produkt führen werden.

Zunächst ermitteln Sie die Personalkosten. In jedem Arbeitspaket werden die Aufwände für die Vorbereitung, die Durchführung und Nachbereitung berücksichtigt. Die Schätzung kann durch Experten, über abgelaufene Projekte (Referenzprojekte) oder weitere Detaillierung erfolgen. Das Arbeitspaket wird dann detailliert betrachtet. Fragen Sie z. B.:

- Welche Ergebnisse müssen erstellt werden?
- In welchen Umfängen?
- Wie viel Personal ist erforderlich?
- Wie viel organisatorische und technische Schnittstellen sind erforderlich?

Die Vollständigkeit der Arbeitspakete und diese extreme Detaillierung ergeben eine sehr realistische Kalkulationsbasis. Der pro Arbeitspaket ermittelte Aufwand wird mit den entsprechenden Stundensätzen multipliziert, so dass die Personalkosten klar sind. In diesen Stundensätzen sind Verwaltungsarbeiten, Krankenstände, Urlaube, Mieten usw. enthalten.

Welche Kostenarten sollten Sie prinzipiell noch berücksichtigen? Die häufigsten sind, z. B. Infrastrukturkosten, Anschaffungskosten für Hardware- und Software, Lizenzkosten, Materialkosten, Bau- und Transportkosten.

Viele dieser Kosten sind fixe Kosten oder Gemeinkosten, die im Unternehmen unabhängig vom Projekt anfallen. Im Beispiel des Szenarios sind alle Kosten, die pro Röhre anfallen, variable Kosten. Dagegen sind alle Kosten, die anfallen, egal ob nun eine oder mehrere Röhren gebaut werden, fixe Kosten. Dazu zählen Organisationskosten wie Projektmanagement-, Vertriebs- und Administrationskosten sowie Entwicklungs- und Konstruktionskosten. Montagekosten fallen dagegen pro Röhre an (siehe hierzu das Tool Kalkulationsschema auf S. 80).

Um einen Kostenplan für das Gesamtprojekt zu erhalten, addiert man alle auf die Arbeitspakete herunter gerechneten Kosten. Pro Röhre fallen z. B. 150.000 Euro variable Kosten an. Feste Kosten für Projektmanagement in Höhe von 30.000, Vertrieb in Höhe von 15.000, Entwicklung und Konstruktion in Höhe von 45.000 Euro kommen dazu. Gerechnet auf drei Röhren fallen also Gesamtkosten in Höhe von 540.000 Euro an. Bei einem Gewinnzuschlag von 10 % ergibt sich ein Gesamtpreis von 594.000 Euro.

Die Röhren sind Fremdleistungen. Projektmanagement-, Vertriebs-, Entwicklungs- und Konstruktionskosten sind Eigenleistungen.

 VORSICHT BOMBE!

Die Detaillierung bringt die Gefahr mit sich, dass man an vielen Stellen eher unbewusst, Reserven zur Sicherheit einkalkuliert.

So entschärfen Sie die Bombe

1 Klopfen Sie nach der Kalkulation die Arbeitspakete auf Reserven ab und entnehmen Sie zirka 10 %.

2 Der Organisationsaufwand kann auch pro Meilenstein ermittelt werden und nicht pro Arbeitspaket.

3 Fragen Sie beim Kalkulieren pro Arbeitspaket: Wie lange braucht eine Person dafür? Den Aufwand rechnen Sie dann später auf mehrere Personen um, wenn feststeht, wie viele Personen Sie pro Arbeitspaket einsetzen können. Somit wird das Projekt beschleunigt und ein Produkt kann z. B. früher auf den Markt kommen. Dies kann den entsprechenden Organisationsaufwand mehr als kompensieren.

Termine und Kosten: Die genaue Schätzung wird mit realistischen Planterminen und Plankosten belohnt, die später auch eingehalten werden.

Qualität: Die Detaillierung kommt einer Qualitätsabsicherung der Planung gleich. Die Qualität der Kalkulation sichert die Qualität des Projekts.

Karriere: Termineinhaltung und Kostentreue zeichnen einen soliden und seriösen Projektleiter aus. Gute Voraussetzungen, um in einer Firma weiterzukommen.

Termine: Die arbeitspaketbezogene Kalkulation bewirkt einen langsamen Start des Projekts.

Kosten: Das Ermitteln der Kalkulationszahlen pro Arbeitspaket ist aufwändig. Kalkulationskosten können Sie nur einsparen, wenn Sie nicht jedes Arbeitspaket abschätzen.

Qualität: Ob die letzten 20 % eines Kalkulationsaufwandes die Qualität der Anlage oder des Projektablaufes verbessern, ist fraglich. Oft ist weniger mehr.

Karriere: Der Projektleiter riskiert viel, wenn er viel Aufwand in die Kalkulation investiert. Denn dann darf es auch keine Kostenüberschreitungen mehr geben.

Fazit: Wann dieser Weg Erfolg verspricht

Die arbeitspaketbezogene Kalkulation hat sich vor allem dort bewährt, wo viele Arbeitsleistungen durch Personal erzeugt werden. Dies ist z. B. bei Neuentwicklungen von Produkten und Anlagen der Fall. Besonders bei Software-Projekten ist diese Art der Kalkulation zwingend erforderlich.

Bei Projekten, die im Fokus der Öffentlichkeit stehen, droht bei Kostenüberschreitung ein starker Imageverlust. Hier zahlt sich eine solide Vorkalkulation aus. Erfolgversprechend ist die arbeitspaketbezogene Kalkulation auch dann, wenn Projekte mit neuen Technologien und Neukonstruktionen anstehen. Die Detaillierung in der Kalkulation führt dazu, dass ein überschaubares Schätzobjekt mit entsprechender Erfahrung abgeschätzt werden kann.

Mein Weg: Ein Schätzworkshop – so bin ich vorgegangen

Mein Tipp an die Firmengründer war, einen Planungs- und Schätzworkshop durchzuführen. Das Unternehmen lud mich zur Angebotserstellung ein, um den Workshop zu moderieren. Daran nahmen drei Mitarbeiter teil.

Im ersten Schritt haben wir die Projektergebnisse und Meilensteininhalte definiert. Im zweiten Schritt haben wir die Arbeitspakete systematisch gebildet und spezifiziert. Dann verlief die Arbeit für den dritten Schritt parallel: Für die Arbeitspakete, die an Fremdfirmen vergeben wurden, fragten wir die entsprechenden Firmen an. Während die Firmen ihre Angebote erarbeiteten, schätzten wir im Workshop unsere Arbeitspakete aufwandsmäßig. Unter der Annahme, dass für die Personalleistungen pro Stunde 100 Euro anfallen, stellten wir die Personalkosten im Schnitt dar. Auch bei den Sachkosten trafen wir entsprechende Annahmen, die daraus resultierten, dass entsprechende Preislisten recherchiert wurden. Alle Informationen ordneten wir den Arbeitspaketen zu. So ermittelten wir pro Arbeitspaket die Personal- und Sachkosten. In der Vorkalkulation für das gesamte Vorhaben wurden dann die entsprechenden Kostenarten zusammengefahren und ganzheitlich dargestellt. Auf die Gesamtkosten kam der Gewinnzuschlag in Höhe von 10 %, so dass schließlich der Gesamtpreis für den Kunden feststand.

Im vierten Schritt ist aus der Projektstruktur der Terminplan – noch ohne, dass wir die Lieferanten ausgewählt hatten – entstanden. Auf diese Weise bekam das Unternehmen eine grobe Vorstellung vom Ablauf des Projekts und den anfallenden Kosten.

Im fünften Schritt flossen die Lieferantenangebote in die Vorkalkulation und die Terminplanung ein, die nach dem Workshop eingetroffen waren. So konnten wir sehen, ob das Unternehmen bei den von ihm ursprünglich hierfür angesetzten Kosten darunter oder darüber lag. Wichtig war dann herauszufinden, weshalb die entsprechenden Abweichungen entstanden waren. Schließlich formulierten wir das Angebot des Unternehmens an den Kunden. Die Investition in die Angebotserstellung hat sich gelohnt. Das Unternehmen hat den Auftrag bekommen. Weshalb? Einerseits konnte anhand des Terminplans gezeigt werden, wie das Projekt abgewickelt wird. Dies hat das Vertrauen des Kunden gestärkt. Andererseits konnten die Kosten gut erklärt werden, da sich das Unternehmen mit den Zahlen intensiv beschäftigt hat. Ein Jahr nach der Auftragserteilung konnte dem Bankvorstand die IT-Infrastruktur übergeben werden. Kosten und Termine wurden gehalten. Das Sachergebnis konnte sich sehen lassen.

KLARTEXT: RICHTIG KALKULIEREN

1 Bei Angebotsabgabe herrscht oft Zeitdruck. Deshalb kann zunächst das Schätzverfahren genutzt werden. Versäumen Sie es aber dann nicht, nach Auftragserteilung mit dem arbeitspaketbezogenen Ansatz gegenzurechnen.

2 Kalkulieren Sie mit Bandbreiten. Je unbekannter das Vorhaben ist und je weniger Erfahrungen vorliegen, muss die Bandbreite z. B. 30 % nach oben oder unten dargestellt werden.

3 Eine Kalkulation will gepflegt werden. Während des Projekts müssen bei jedem Meilenstein die gewonnenen Erfahrungen wieder in die Kalkulation einfließen. Das heißt: Pro Meilenstein die Kalkulation aktualisieren und die Bandbreite weiter eingrenzen.

4 Die Kalkulation muss immer auch im Zusammenhang mit der Terminplanung gesehen werden. Die Kunst der Projektleitung besteht darin, eine gute Balance zwischen Terminsituation und Kostenbetrachtung herzustellen.

Das Projekt soll günstiger werden – bekommen Sie das hin?

» DAS SZENARIO

Ein von mir gecoachter Projektleiter kam eines Tages in heller Aufregung zu mir. Seine Kollegin aus dem Vertrieb hatte ihn angerufen und ihm mitgeteilt, dass das von ihm kalkulierte Angebot zur Erneuerung der Elektrik zweier Braunkohlebagger von der Geschäftsführung um 20 % günstiger verhandelt worden war. Die Kollegin aus dem Vertrieb war sehr erfreut, da der Kunde unter diesen Voraussetzungen den Zuschlag an das Unternehmen erteilt hatte. Der Projektleiter wusste nun nicht, wie er den Auftrag angehen sollte: Das Angebot war ohnehin schon knapp mit 3 % Gewinn kalkuliert. Was soll er tun?

Wege zur Lösung

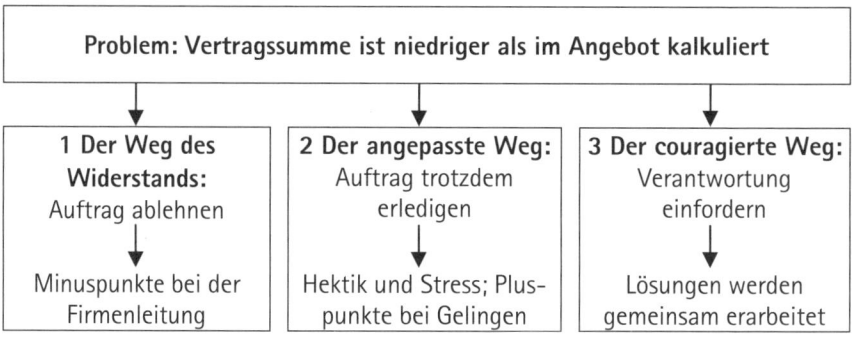

1 Der Weg des Widerstands: Auftrag ablehnen

Der Projektleiter ist sauer und schreibt der Unternehmensleitung eine Mail, dass er den Auftrag nicht übernehmen will. Das Angebot ist ohne Rücksprache mit ihm gekürzt worden. Der Projektleiter macht in der Mail deutlich, dass der Auftrag knapp kalkuliert ist und er keine Möglichkeiten sieht, die

Kosten noch weiter zu drücken. Er will keine Verantwortung für ein verlust-trächtiges Projekt übernehmen. Er verweist auf das Magische Dreieck, nach dem Qualität/Umfang – Termine – Kosten miteinander zusammenhängen und eine Kostensenkung bei gleichbleibender Qualität oder Termintreue kaum möglich ist. Die Verantwortung ist durch das magische Dreieck des Projektmanagement skizziert: Ergebnisse/Qualität – Termin – Kosten (kein Gewinn oder Preise).

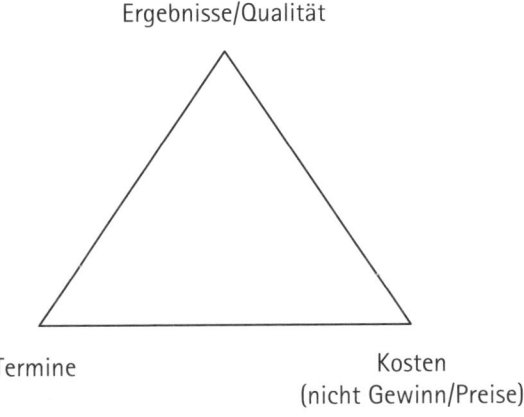

Das Magische Dreieck

VORSICHT BOMBE!

Sie werfen der Firmenleitung den Fehdehandschuh hin. Sie laufen damit Gefahr, dass es zu einer Machtprobe kommt und Sie am Ende als Verlierer dastehen.

So entschärfen Sie die Bombe

1   Schreiben Sie keine Mail, sondern führen Sie mit der Unternehmensleitung ein persönliches Gespräch, in dem Sie die Grundlagen Ihrer Entscheidung erläutern.

2   Machen Sie bereits bei der Abgabe des Angebots deutlich, dass keine oder we-nig Spielräume zum Absenken des Angebots vorhanden sind. Zeigen Sie die Spielräume konkret auf.

3   Bringen Sie gegenüber der Firmenleitung zum Ausdruck, dass Sie bei der Kür-zung von Angeboten miteinbezogen werden möchten.

 **PRO**

Kosten: Falls das Projekt durch die Preisreduktion Verluste macht, ist das nicht mehr die Sorge des Projektleiters, der das Angebot erstellt hat.

Qualität: Preisreduktionen bedeuten oft Kostenkürzungen. Dies kann zu erheblichen Qualitätsmängeln führen. Der Kunde bekommt zwar einen günstigeren Preis, muss aber später feststellen, dass ihn z. B. erhöhter Wartungsaufwand und Reparaturkosten teuer zu stehen kommen. Sie ersparen ihm das.

 CONTRA

Karriere: Arbeitsverweigerung ist häufig karrierehinderlich.

Fazit: Wann dieser Weg Erfolg verspricht

Der Weg des Widerstands kann nur dann beschritten werden, wenn Sie innerhalb eines Unternehmens durch lange Firmenzugehörigkeit oder exzellentes Know-how eine gefestigte Stellung haben. Sie können diesen Weg aber auch dann wählen, wenn Sie ohnehin schon als Querulant abgestempelt sind, d.h., wenn Sie eine ähnliche Stellung haben wie der Narr am Königshof und daher nichts mehr zu verlieren haben.

2 Der angepasste Weg: Auftrag trotzdem erledigen

Nachdem klar ist, dass der Auftrag des Kunden mit 20 % Preisnachlass im Hause ist, macht sich der Projektleiter ohne Rücksprache mit der Unternehmensleitung an die Arbeit, den Auftrag umzusetzen. Zwar ist er wütend und enttäuscht, artikuliert das aber nicht weiter. Rückzug und Schweigen sind seine Reaktionen. Man will schließlich nicht unangenehm auffallen. Ansagen von „oben" werden erfüllt. Der Projektleiter überlegt sich, wo gewisse Einsparungen im Verlauf des Projekts und an den Lieferungen und Leistungen vorgenommen werden können. Dies mag „billigeres" Material sein, wenig qualifiziertes Personal, andere Lieferanten oder ein anderes technisches Konzept. Auch diese Einsparungen werden in den Mantel der Verschwiegenheit gehüllt.

Oft ist es so, dass die Anstrengungen des Projektleiters mit seinen Mitarbeitern auf diesem Weg sogar von Erfolg gekrönt sind und so die Kosten tatsächlich unter dem Erwarteten liegen. Am Ende des Auftrages sieht die Unternehmensleitung, dass die Kürzung durchaus berechtigt war. Sie glaubt, durch ihr Vorgehen die Reserven offen gelegt zu haben und dadurch dafür gesorgt zu haben, dass diese Reserven genutzt werden. Sie fühlt sich in ihrem Handeln bestätigt und wird bei den nächsten Angebotsgesprächen bei Kunden wieder selbstständig und ohne Einbeziehung der Projektleitung agieren.

PRO

Termine: Sie vermeiden einen Konflikt mit dem Management, der Zeit zu Lasten des Projekts kosten würde.

Kosten: Konflikte auszusprechen und zu lösen, kostet auch Geld. Das ohnehin gekürzte Budget wird zusätzlich belastet. Deshalb kann es besser sein, den Auftrag ohne Murren umzusetzen.

Karriere: Mitarbeiter, die schweigen und alles mittragen, werden von manchen Führungskräften für interessante Aufgaben bei Personalentscheidungen bevorzugt.

CONTRA

Qualität: Die Einsparung von Kosten führt zu Qualitätseinbußen. Der Kunde wird das merken.

Karriere: Den Kopf in den Sand zu stecken und alles klaglos hinzunehmen, kann zwar kurzfristig zur Beruhigung der Gemüter beitragen. Als zukünftige Führungskraft ist aber die Übernahme von Verantwortung gefordert. Dies bedeutet, sich aktiv einzubringen und so seinen Ärger zu kanalisieren.

Fazit: Wann dieser Weg Erfolg verspricht

In Unternehmenskulturen, die Einsprüche und Anmerkungen nicht wünschen, hat es wenig Sinn, sich aufzulehnen. Dort ist es ratsam, eine Politik der kleinen Schritte zu verfolgen. Eine Entscheidung darf dann ebenso wenig in Frage gestellt werden wie der Umgang des Managements mit der Projektleitung. Trotzdem: Dieser Weg ist schon an sich eine Bombe! Deshalb sollte der Projektleiter auch in der beschriebenen Unternehmenskultur Vorschläge zur Kostenreduktion äußern. Völliges Abtauchen ist also nicht ratsam. Anpassungen an die Gegebenheiten im Unternehmen – ja, sich aber dennoch konstruktiv einzubringen, das wird an dieser Stelle Erfolg bringen.

3 Der couragierte Weg: Verantwortung einfordern

Nachdem der Projektleiter von der Preiskürzung erfahren hat, bemüht er sich um einen Gesprächstermin bei der Unternehmensleitung. Ziele dieses Gespräches sollen sein,

- aus erster Hand zu erfahren, was zu dem Preisnachlass geführt hat,
- deutlich zu machen, dass der Projektleiter, als Ersteller der Kalkulation, sich in Zukunft wünscht, als erstes über so einschneidende Maßnahmen informiert zu werden, sowie
- die Firmenleitung beim Finden von Vorschlägen zur Kosteneinsparung in die Pflicht zu nehmen. Denn die Verantwortung für die ursprüngliche Kalkulation liegt bei der Projektleitung. Die Verantwortung für die Preissenkung liegt jedoch nach wie vor bei der Firmenleitung.

Das Gespräch sollte daher wie folgt ablaufen:

1 Gründe für die Preissenkung erfahren
2 Informationspolitik klären
3 Vorschläge von der Firmenleitung einfordern
4 Eigene Vorschläge präsentieren
5 Maßnahmen verabreden
6 Verantwortlichkeiten herausarbeiten
7 Termin für Projektfortschritt verabreden

Dieses Gespräch muss der Projektleiter im Vorfeld gut vorbereiten, indem er Kosteneinsparpotenziale aufspürt, Vorschläge für Maßnahmen entwickelt und diese in einer Präsentation aufbereitet:

- Prüfen Sie als erstes die Kostenblöcke, die am größten sind, und wie sich eine Budgetreduzierung auf Termine, Qualität, Liefer-/Leistungsumfang usw. auswirken würde.

- Beachten Sie auch die neuen Risiken, die sich durch die Budgetreduzierung ergeben können.

- Berufen Sie ein kleines Team z. B. aus Einkauf, Projektierung und Montage ein, das kreativ per Brainstorming oder Mind Mapping Maßnahmen zur Kostensenkung erarbeitet. Achten Sie darauf, dass die Ideenfindung vom Prozess der Maßnahmenauswahl strikt getrennt wird (mögliche Maßnahmen siehe S. 33).

Arbeiten Sie auf der Basis der gefundenen Maßnahmen Ihre Präsentation für die Firmenleitung aus.

Wenn die ersten Erfolge durch die mit der Firmenleitung verabschiedeten Maßnahmen eintreten, müssen Sie Ihr kleines Team weiterhin über den Fortschritt der Maßnahmen informieren. Wichtig ist, dass die Mitarbeiter das Gefühl haben auf dem richtigen Weg zu sein. Stellen Sie am Ende des Projekts über die Nachkalkulation (siehe Tool auf S. 192) fest, wie viel Einsparungen die Maßnahmen in den einzelnen Kostenblöcken tatsächlich gebracht haben und lassen Sie diese Erfolge in die nächsten Projekte einfließen.

VORSICHT BOMBE!

Es besteht die Gefahr, dass der Projektleiter im Klärungsgespräch unter dem Druck der Entscheidung der Firmenleitung unsachlich wird oder zumindest als unsachlich eingeschätzt wird.

So entschärfen Sie die Bombe

1 Machen Sie zu Beginn des Gesprächs klar, dass es Ihnen um eine konstruktive Lösung des Problems geht.

2 Nutzen Sie entsprechende Kommunikationsregeln (siehe S. 190) wie z. B. das aktive Zuhören, um das Gespräch nüchtern und sachlich zu führen.

3 Vermeiden Sie alles, was in einen Machtkampf ausartet. Geben Sie der Firmenleitung das Gefühl, dass sie natürlich die Preise senken kann. Auf der anderen Seite machen Sie aber deutlich, dass Ihre Kalkulation Hand und Fuß hat und Sie an einer gemeinsamen Problemlösung interessiert sind.

Termine: Durch Ihr Zutun wird das Projekt am Anfang zwar verlangsamt. Aber wenn beide Seiten sich im Vorgehen zur Kostensenkung einig sind, dann ist genügend Schwung da, die Termine zu halten.

Kosten: Vorschläge zur Kostensenkung zu entwickeln, kostet Geld. Wenn es jedoch gelingt, die Preissenkung durch geeignete Maßnahmen abzufedern, dann ist allen Seiten geholfen.

Karriere: Ihr Einsatz und der konstruktive Umgang mit der Situation werden Ihnen Respekt und Lob einbringen. Diplomatisches Geschick ist ein guter Nährboden für spätere Herausforderungen.

Fazit: Wann dieser Weg Erfolg verspricht

Ihr couragiertes Auftreten fällt auf fruchtbaren Boden, wenn Ihre Führung einen kooperativen und offenen Führungsstil pflegt. Konstruktive Kritik, Querdenken und den Finger in die Wunde zu legen – das sind Verhaltensweisen, die in solchen Unternehmen ausdrücklich erwünscht sind. Es gibt Firmenleitungen, die von ihren Mitarbeitern Offenheit und Einsatz erwarten. Das erfordert auf beiden Seiten Selbstbewusstsein und die Fähigkeit, zuhören zu können und Vorschläge als Problemlösung zu begreifen.

Mein Weg: Suche nach Einsparpotenzial – so bin ich vorgegangen

Von Projektleiter und Firmenleitung war ein Gespräch geplant, in dem nach der Auftragserteilung der Termin- und Kostenplan aktualisiert, konkretisiert und endgültig verabschiedet werden sollte. Als PM-Berater sollte ich meinen Beitrag dazu leisten. Als ich das Büro des Projektleiters betrat, bat er mich, einen Moment Platz zu nehmen, da er noch eine Mail an die Firmenleitung schreiben müsste. Neugierig wie ich bin, fragte ich, um was es geht. Da brach es aus ihm heraus, dass er über das Vorgehen der Firmenleitung verärgert war. Ich bat den Projektleiter, sich in die Situation der Firmenleitung zu versetzen. Ich fragte, wie er wohl reagieren würde, wenn er als Firmenleiter eine emotionale Mail von der Projektleitung bekäme. Der Projektleiter dachte kurz nach und meinte, dass er als Firmenleiter ein klärendes Gespräch anstatt einer Mail erwarten würde. „Sehen Sie", sagte ich, „dann empfehle ich Ihnen, die Mail zu löschen". So geschah es dann auch. Mit dem Projektleiter bereitete ich das Gespräch für die Firmenleitung vor. Wo konnten Kosten eingespart werden?

Bei Anlagenbauprojekten wie im Szenario geht es in erster Linie um die Sachkosten. Identifizieren Sie die Einsparungsmöglichkeiten, indem Sie z. B. folgende Fragen beantworten:

- Was kann an Material gespart werden?

  Beispiel: Elektroleitungen beim Braunkohlebagger können auch zur Datenübertragung genutzt werden. Es ist zu überlegen, inwieweit Kabel eingespart werden können.

- Gibt es technische Lösungen, die sowohl in der Erstellung als auch später im Betrieb günstig sind?

  Beispiel: Die Elektromotoren können mit Dieselmotoren ergänzt werden. Nicht nur bei Stromausfall dienen diese Dieselmotoren als Ersatz, sondern sie können auch bei Höchstlasten genutzt werden.

- Kann das Projekt so abgewickelt werden, dass die Prozesskosten sinken?

  Beispiel: Für die Firma, die für die Elektrifizierung von Braunkohlebagger beauftragt ist, sind es nicht die ersten Bagger, die modernisiert werden. Vorhandene Zeichnungen und Schaltpläne können für das neue Vorhaben übernommen und angepasst werden. Dies reduziert den Aufwand für die Projektierung.

Nachdem wir die Möglichkeiten der Kosteneinsparungen ausgelotet hatten, fand das Gespräch bei der Firmenleitung statt, wie im couragierten Weg beschrieben. Der Auftrag ist dann mit den mit der Firmenleitung vereinbarten Maßnahmen abgewickelt worden. Das Projekt hat keinen Gewinn abgeworfen, aber Verluste konnten verhindert werden. Auch die Firmenleitung hat dazugelernt. In Zukunft werden dem Kunden Preissenkungen erst fest zugesagt, nachdem die Projektleitungen miteinbezogen worden sind.

KLARTEXT: GÜNSTIGER – BEKOMMEN SIE DAS HIN?

1 Machen Sie sich klar, was in Ihre Verantwortung fällt und wo Ihre Verantwortung aufhört.

2 Ziehen Sie sich nur die Schuhe an, die Ihnen am Anfang des Projekts zugewiesen wurden. Ihr Magisches Dreieck umfasst Sachergebnisse/Qualität, Termine und Kosten. Von Preisgestaltung und Geschäftspolitik ist hier nicht die Rede.

3 Machen Sie deutlich, dass eine Veränderung der Kalkulation auch Ihre Zustimmung erfordert.

4 Gehen Sie den Konflikt offensiv an. Fragen Sie nach Vorschlägen, bringen Sie selbst Vorschläge ein.

5 Treffen Sie eine neue Vereinbarung. Der ursprüngliche Projektauftrag muss dann den neuen Gegebenheiten angepasst werden.

Wissen, ob und wann sich das Projekt lohnt

Ein Hersteller von Heizkörpern wollte sein Sortiment erweitern. Er hatte die Idee, in den Heizkörper gleich den Thermostat zu integrieren. Für den Kunden entfällt damit ein Arbeitsschritt und der Heizkörper mit Thermostat ist, optisch gesehen, aus einem Guss. Ich sollte das Unternehmen als Projektleiter hierbei unterstützen. Geplant war, im ersten Jahr 100.000 Heizkörper abzusetzen und je nach Nachfrage die Stückzahl in den nächsten 4 Jahren jährlich um 20 % zu steigern. Das Vorhaben sollte innerhalb von 12 Monaten umgesetzt werden. Für den Hersteller war dieser Plan mit erheblichen Investitionen in Personal und Technik verbunden. Es galt darzustellen, ob sich das Vorhaben trotz dieser hohen Investitionskosten auch rechnete. Was konnte er tun, um Klarheit zu gewinnen?

Wege zur Lösung

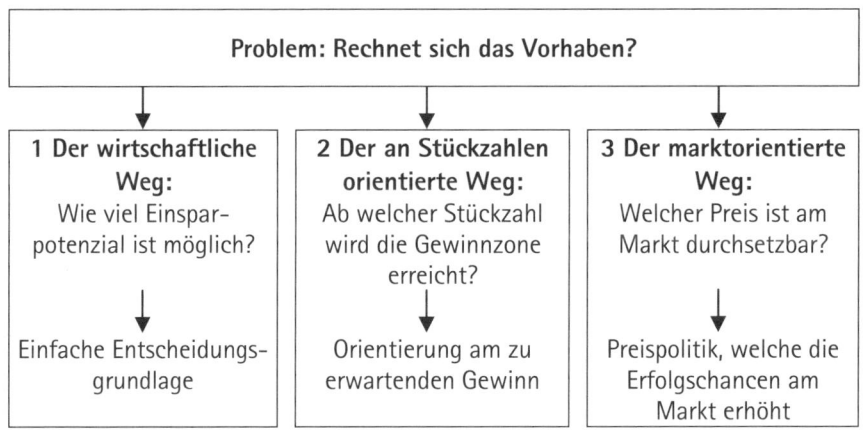

1 Der wirtschaftliche Weg: Wie viel Einsparpotenzial ist möglich?

Diesem Weg liegt die Wirtschaftlichkeitsbetrachtung zugrunde. Mit ihr wird abgeschätzt, wie viel Einsparungen gegenüber den eingesetzten Kosten möglich sind. Für die herkömmliche Herstellung der Heizkörper müssen pro Stück 100 Euro ausgegeben werden. Der Thermostat wird separat verkauft und schlägt mit 50 Euro als Einkaufspreis zu Buche. Damit fallen pro Stück 150 Euro an. Bei den neuen, integrierten Heizkörpern hat die Kalkulation ergeben, dass pro Stück 130 Euro Herstellkosten anfallen. Da der Thermostat integriert ist, entfällt der Einkaufspreis für ihn. In den Herstellkosten sind die Kosten pro Stück, variable Kosten genannt, und die festen Kosten wie Vertrieb, Entwicklung und Forschung enthalten. Für den Kunden wäre es günstiger, den integrierten Heizkörper zu kaufen, als Heizkörper und Thermostat separat. Aber wie stellt sich die Situation für den Hersteller der Heizkörper dar? Ist das innovative Projekt wirtschaftlich? Bisher müssen 15 Millionen Euro pro Jahr aufgewendet werden, in der Zukunft sind es 13 Millionen Euro pro Jahr an Kosten, die anfallen. Pro Jahr bedeutet dies eine Ersparnis von Kosten in Höhe von 2 Millionen Euro. Für die veranschlagten 4 Jahre kann eine Kostensumme von insgesamt 8 Millionen Euro eingespart werden. Damit rechnet sich das Vorhaben für den Heizungsbauer.

 VORSICHT BOMBE!

Bei der Wirtschaftlichkeitsbetrachtung werden Käuferverhalten, Randbedingungen und Risikobetrachtung außer Acht gelassen.

So entschärfen Sie die Bombe

1 Die Annahme, dass weiterhin 100.000 Stück der integrierten Heizkörper mit Steigerungsrate verkauft werden, muss über eine Marktanalyse geprüft werden.

2 Das technische Risiko muss im Stückpreis berücksichtigt werden. So sind höhere Entwicklungskosten anzunehmen wie auch eventuell eine höhere Fehleranfälligkeit, die sich in stärkeren Reklamationskosten niederschlägt.

3 Die Randbedingungen sind genauer für die Wirtschaftlichkeitsbetrachtung anzusehen. Wo wird gefertigt? Werden die gleichen Materialien verwendet? Ist die Fertigung für beide Varianten der Heizkörper dieselbe oder erfordert der integrierte Heizkörper ganz andere Fertigungsabläufe?

Kosten: Ohne Wirtschaftlichkeitsbetrachtung wird Geld in die Hand genommen, ohne zu wissen, ob sich die Investition lohnt. Damit laufen Sie Gefahr, dass höhere Kosten für das Projekt entstehen, ohne dass die Beteiligten wollten.

Kosten: Für sich allein genommen reicht die Wirtschaftlichkeitsberechnung nicht aus, um alle Risiken zu beleuchten.

Fazit: Wann dieser Weg Erfolg verspricht

Die Wirtschaftlichkeitsbetrachtung stellt dar, ob einer beabsichtigten Investition eine gewisse Einsparung an Zeit und Geld gegenübersteht. Wenn die Einsparung 5 % und höher ist, dann zeigt sich anhand dieses Wegs, dass das Vorhaben sich für die Firma rechnet. Randbedingungen, Risiken und Reklamationskosten müssen allerdings in der Wirtschaftlichkeitsbetrachtung unbedingt mit berücksichtigt werden.

2 Der an Stückzahlen orientierte Weg: Ab welcher Stückzahl wird die Gewinnzone erreicht?

Der gewinnorientierte Weg fußt auf der Break-even-Analyse, auch Gewinnschwellenanalyse genannt. Sie ist ein Werkzeug, das die Beziehung zum Umsatzerlös einerseits und die fixen und variablen Kosten andererseits untersucht und diese Zahlen einander gegenüberstellt. Am Break-even-Point (Gewinnschwelle) sind die Umsatzerlöse und die Kosten gleich hoch. Es entsteht weder Gewinn noch Verlust. Ab diesem Punkt geht das Produkt/Projekt in die Gewinnzone über.

Mit der Break-even-Analyse bringt der Heizkörper-Hersteller aus dem Szenario in Erfahrung, ab wann die Refinanzierung des Projektes (ab welcher Stückzahl) beginnt und wie viel Stück erforderlich sind, um über den erwirtschaften Gewinn die Gesamtkosten zu finanzieren. Wie viel Gewinn ist also erforderlich, dass sich die gesamten aufgebrachten Kosten sich amortisieren?

Die Break-even-Analyse ist eine stückzahlenorientierte Deckungsbeitragsrechnung (siehe auch gleichnamiges Tool auf S. 80).

Zunächst gilt es, hierzu die Gesamtkosten des Projekts zu errechnen: Es gibt die Kosten, die unabhängig von der Stückzahl anfallen. Diese festen Kosten, auch fixe Kosten genannt, sind z. B. Entwicklungsleistungen, Verwaltungsaufwendungen, Mieten, Equipment. Die spannende Frage lautet hier: Wie sollen die Fixkosten eines Bereiches z. B. auf die Projekte aufgeteilt werden? Beispielsweise kann bei 10 Projekten in einem Bereich pro Projekt 1/10 an Fixkosten angesetzt werden. Diese werden dem Projekt zugeschlagen. Deshalb heißt diese Kalkulation auch Zuschlagskalkulation (siehe auch gleichnamiges Tool auf S. 86). Ein anderer Zuschlagsschlüssel könnte der erwartete Gewinn sein. Man rechnet aus, wie viel Gewinn pro Projekt erhofft werden kann. Dieser Gewinn ins Verhältnis gesetzt zum Gesamtgewinn aller 10 Projekte ergibt den prozentualen Zuschlag für das Projekt. Dann fallen variable Kosten an, bestehend z. B. aus Materialkosten, Löhnen und Maschinenstunden, die direkt das Produkt verursacht. Diesen Kosten wird der Umsatz pro verkauftes Stück gegenübergestellt, bei einem neuen Produkt wie im Szenario ist das der prognostizierte Verkaufspreis. Auf diese Weise wird die Menge ermittelt, die verkauft werden muss, um Gewinn mit diesem Produkt zu erzielen:

$$\text{Break-even-Menge} = \frac{\text{Fixkosten}}{(\text{Umsatz pro Stück} - \text{variable Kosten pro Stück})}$$

Die Break-even-Analyse beantwortet also die Frage: Wie viel Stück des Produkts müssen verkauft sein, dass die gesamten Kosten abgedeckt sind? Damit bekommt die Firmenleitung eine Vorstellung davon, ab welcher Größenordnung sich das Projekt lohnt, und kann anschließend abschätzen, ob diese Stückzahl erreichbar ist bzw. ob z. B. Einsparungen bei den variablen Kosten eines Projekts sinnvoll sind.

Die Fixkosten pro Produkt/Projekt sind nicht eindeutig zuzuordnen. Dadurch kann es zu verzerrten Aussagen kommen.

So entschärfen Sie die Bombe

1 Die Fixkosten sollen möglichst nach dem Verursacherprinzip aufgeschlüsselt werden.

2 Bei der Aufteilung der Fixkosten auf die einzelnen Produkte/Projekte dürfen nicht nur die projektbezogenen Kosten genommen werden, sondern auch alle Kosten, die im laufenden Betrieb eines Unternehmens anfallen.

PRO

Kosten: Mittels der Break-even-Analyse zeigen Sie, ab wie viel Stück die Kosten wieder eingespielt werden. Damit kann geprüft werden, ob der Finanzierungsplan realistisch ist.

Karriere: Die Break-even-Point-Analyse ist ein Beitrag zur Refinanzierung des Projekts. Eine solide Basis des Wirtschaftens. Sie zeigen, dass Sie mit Geld umgehen können.

CONTRA

Kosten: Je nachdem, welcher Zuschlag für die Fixkosten auf das Stück gewählt wird, kann sich die Stückzahl für den Eintritt in die Gewinnzone erhöhen oder niedriger ausfallen. Fehlerquelle vorprogrammiert.

Fazit: Wann dieser Weg Erfolg verspricht

Bei Produktvorhaben ist die Anwendung der Break-even-Analyse hilfreich. Es wird so bekannt, wie viel Stück erforderlich sind, um aus der Verlustzone herauszukommen. Außerdem können die Fixkosten, die variablen Kosten und die geplanten Stückzahlen nochmals näher unter die Lupe genommen werden. Somit lässt sich die Gewinnzone schon zu einem früheren Zeitpunkt darstellen.

3 Der marktorientierte Weg: Welcher Preis ist am Markt durchsetzbar?

Die Zielkostenrechnung, auch Target Costing genannt, geht im Unterschied zu Weg 1 und 2 nicht primär von Kosten aus, die entstehen oder von der Gewinnschwelle, sondern rechnet quasi von hinten nach vorne: Sie geht vom Preis aus, den ein Unternehmen für ein Produkt bzw. eine Dienstleistung am Markt durchsetzen kann. Wenn ein neues Produkt auf den Markt kommen soll, ist es sinnvoll herauszufinden, welche Unternehmen mit welchen Umsätzen ein solches Produkt anbieten – und zu welchem Preis. Wo soll sich der Hersteller von Heizkörpern mit dem Preis für seinen integrierten Thermostat an diesem Markt positionieren? Im Niedrigpreissektor? Oder im Hochpreissektor mit entsprechendem Design und Qualität? Nachdem geklärt ist, welcher Preis pro integrierten Heizkörper am Markt durchsetzbar ist, kann anhand der geplanten Absatzzahlen der Umsatz errechnet werden. Nun beginnen die Überlegungen der Zielkostenrechnung. Vom angenommenen Umsatz werden Gewinn, Vertriebskosten und Gemeinkosten abgezogen. Der daraus entstandene Betrag soll die Entwicklung und Fertigung abdecken.

Diese Zielkosten werden dann mit den Kosten verglichen, die aus den Arbeitspaketen heraus kalkuliert wurden, also der projektspezifischen Kalkulation. Liegen diese Kosten höher als das Kostenziel für die Entwicklung und Fertigung, dann wird geprüft, wo eingespart werden kann, damit der Marktpreis letztlich erreicht wird.

 VORSICHT BOMBE!

Die Zielkostenrechnung zwingt die Beteiligten, (zum Teil unsinnige) Einsparungen in ihren Arbeitspaketen vorzunehmen.

So entschärfen Sie die Bombe
1 Es ist durch Befragung der Teammitglieder sicherzustellen, dass Kosteneinsparungen akzeptiert und mitgetragen werden.
2 Das Einsparen darf keine Anordnung an das Projektteam sein. Das Team soll angeregt werden, sinnvolle Vorschläge zu machen.
3 Die Zielkostenrechnung sollte nach der projektspezifischen Kalkulation durchgeführt werden. Ansonsten wird die projektbezogene Kalkulation beeinflusst.

Termine: Die Zielkostenrechnung hat zwar zunächst keinen Einfluss auf den End-termin. Wenn die Überlegungen jedoch zeigen, dass es wichtig ist, als Erstanbieter auf den Markt zu kommen, um seinen Preis durchzusetzen, dann hat die Diskussion bewirkt, dass der Markteintrittstermin für das Produkt vorgezogen wird.

Kosten: Die Zielkostenrechnung hält die Beteiligten an, die Kosten nicht am Markt vorbei zu gestalten. Deshalb setzt die Kundenorientierung schon früh im Projekt ein.

Termine: Das Abgleichen der Zielkosten mit den aus dem Projekt heraus ermittelten Kosten kostet viel Zeit.

Kosten und Qualität: „Man kann sich auch zu Tode sparen", ist ein gängiger Spruch. Die Kosteneinsparungen dürfen nicht zu Lasten der Qualität gehen.

Fazit: Wann dieser Weg Erfolg verspricht

Die Zielkostenrechnung öffnet den Beteiligten die Augen für das Ziel: einen am Markt erfolgreichen Verkaufspreis. Sie richtet den Fokus der Entschei-dung, ob und wann ein Projekt sich lohnt, auf den Markt und den Kunden aus. Wenn die Diskussion offen und aus der Betrachtung heraus geführt wird und vernünftige Maßnahmen statt rigider Kosteneinsparungen ergriffen werden, um den Zielpreis zu erreichen, dann ist der marktorientierte Weg von Erfolg gekrönt.

Mein Weg: Chancen und Risiken – so bin ich vorgegangen

Der Entwicklungsleiter des Herstellers der Heizkörper hatte mich als zukünf-tigen Projektleiter eingeladen, das geplante Vorhaben zu besprechen. Wir haben neben der Projektstrukturierung unser Augenmerk besonders auf folgende Frage gelenkt: Lohnt sich der ganze Aufwand für den Heizungs-bauer? Die Wirtschaftlichkeitsrechnung ergab, dass 8 Millionen Euro in 4 Jahren gegenüber der herkömmlichen Lösung (Heizkörper und Thermostat) mit dem integrierten Heizkörper eingespart werden können. Andererseits ergab die Kalkulation für den integrierten Heizkörper, dass die technischen Risiken nicht ausreichend berücksichtigt waren. Es hätte also passieren können, dass der Entwicklungsanteil sich verdoppelt, so dass die Herstellungskosten von 130 Euro nicht mehr zu halten gewesen wären. Für den integrierten Heizkörper war ein Verkaufspreis von 150 Euro angepeilt. Die Herstellungskosten betrugen gesamt 130 Euro. Davon entfielen 60 Euro auf die festen Kosten und 70 Euro auf die variablen Kosten. Die Break-even-Point-Analyse ergab für das erste Jahr, dass erst nach 100.000 Stück verkauften integrierten Heizkörpern die Gewinnschwelle erreicht worden wäre.

Die Zielkostenrechnung zeigte, dass ein Preis von 150 Euro pro Stück am Markt durchsetzbar gewesen wäre. Unsicher war, ob die Kunden das innovative Produkt annehmen würden, und ob die Mitbewerber in kurzer Zeit ein ähnliches Produkt auf den Markt bringen können.

Nach fünf Stunden fassten wir das Gespräch zusammen. Das Projekt lohnt sich, wenn sich am Ablauf und am Aufwand für das Projekt nichts mehr ändert. Dies wurde aber vom Entwicklungsleiter erheblich bezweifelt. Die Unsicherheiten aus der Sicht der Marktforscher hatten unsere Sicht auch nicht erhellt. Wir beschlossen, das Projekt doch nicht zu starten und dies auch der Geschäftsführung so vorzuschlagen. Die Geschäftsführung folgte diesem Vorschlag.

 KLARTEXT: LOHNT SICH DAS PROJEKT?

1   Kosten aus verschiedenen Blickwinkeln anzusehen, sichert den Projekterfolg.

2   Blickwinkel 1: Wie wirtschaftlich ist das Projekt? Dies kann für eine Firma lebenswichtig sein.

3   Blickwinkel 2: Wie viel Stück müssen verkauft werden, damit der Gewinn erreicht wird? Es geht einerseits um die Finanzierung des Vorhabens, andererseits um die realistische Vorhersage über die zu verkaufenden Stückzahlen.

4   Blickwinkel 3: Wie viel Kosten verträgt das Vorhaben, damit der Preis am Markt durchsetzbar ist? Dieser Top-Down-Ansatz kann anregen, über Kostengrößen nachzudenken. Das sollte allerdings nicht zu sinnlosen Einsparungen führen.

Diese Tools brauchen Sie

Tool	Kurzbeschreibung Stärken/Schwächen	Aufwand Nutzen
Break-even-Analyse	Zeigt auf, wo sich Kosten und Erlöse eines Produktes treffen. Beantwortet die Frage, wie viel Stück eines Produktes verkauft werden müssen, damit es die Verlustzone verlässt und in die Gewinnzone übergeht. Einfach und schnell einsetzbar. Ist in ihrer Qualität von der Qualität der Fixkostenermittlung abhängig.	●●● ★★★★
Deckungs-beitrags-rechnung	Stellt dar, wie viel Erlös/Gewinn nach Abzug der Kosten verbleibt. Der Umgang mit den Fixkosten ist bei den Varianten der Rechnung unterschiedlich.	●● ★★★
Kalkulations-schema (Fixkosten, variable Kosten)	In einer Tabelle werden alle festen Kosten (Fixkosten) und variablen Kosten aufgelistet. Die Kalkulation verschafft dem Projektleiter den Gesamtüberblick über die Kosten und ist damit die Basis der Kostenverfolgung. In der Praxis ist es schwierig, die festen Kosten den variablen zuzuordnen.	●●●● ★★★★★
Schätz-methoden	Mit Schätzmethoden ermittelt der Projektleiter entweder die Kosten oder den Aufwand pro Schätzobjekt. Ein Schätzobjekt kann ein Bauteil, eine Anlagenkomponente oder ein Arbeitspaket sein. Es gibt drei Arten von Schätzmethoden: ■ Referenzprojekt-Schätzmethode ■ Expertenbefragung ■ Detaillierung Die einzelnen Schätzmethoden liefern sehr präzise Daten, die sich in der Praxis später meist bestätigen. Nachteilig ist der Aufwand, der betrieben werden muss, um zu verlässlichen Aussagen zu kommen.	●●●●● ★★★★★

Tool	Kurzbeschreibung Stärken/Schwächen	Aufwand Nutzen
Wirtschaftlichkeitsrechnung	Zeigt, ob sich die Investition lohnt. Dazu werden die eingesetzten Gelder dem Einsparpotenzial durch Maßnahmen wie verstärkte Automatisierung, auch in Geld ausgedrückt, gegenübergestellt.	●●●● ★★★★★
Zielkostenrechnung (Target-Costing-Kalkulation)	Ausgehend vom Preis, der voraussichtlich auf dem Markt durchsetzbar ist, wird errechnet, wie viel dann Entwicklung, Konstruktion, Fertigung und Vertrieb kosten dürfen. Die Zielkostenrechnung ist eine Top-down-Rechnung. Nach Ermittlung der Kosten aus dem Projekt heraus, z. B. über eine Schätzmethode, werden die Projektkosten mit den Zielkosten abgeglichen.	●●●●● ★★★
Zuschlagskalkulation	Setzt für die variablen Kosten die Kosten pro Stück an; bei den Fixkosten werden gewisse Prozentsätze in die Kalkulation hinein gerechnet. Die Aufteilung der Fixkosten auf die einzelnen Projekte wird als problematisch angesehen.	●●●● ★★★★★

Die mit dem Icon ⚫ gekennzeichneten Tools können Sie im Internet unter www.projektmagazin.de/klartext abrufen.

Die besten Tools – wie sie funktionieren

Break-even-Analyse

Sie ermittelt den Punkt, an dem ein Projekt beim Verkauf einer bestimmten Stückzahl von der Verlust- in die Gewinnzone übergeht.

$$\text{Gewinnschwelle} = \frac{\text{Fixkosten}}{\text{Deckungsbeitrag pro Stück}}$$

Der Deckungsbeitrag pro Stück errechnet sich aus der Differenz von Verkaufspreis pro Stück und variablen Kosten pro Stück.

Ein Beispiel: Wenn die Entwicklung und Herstellung eines Produktes 200.000 Euro Fixkosten verursacht, der Preis des Produktes 80 Euro beträgt und pro Stück 60 Euro variable Kosten anfallen, ergibt sich folgende Situation:

$$\frac{200.000}{80 - 60} = \frac{200.000}{20} = 10.000 \text{ Stück}$$

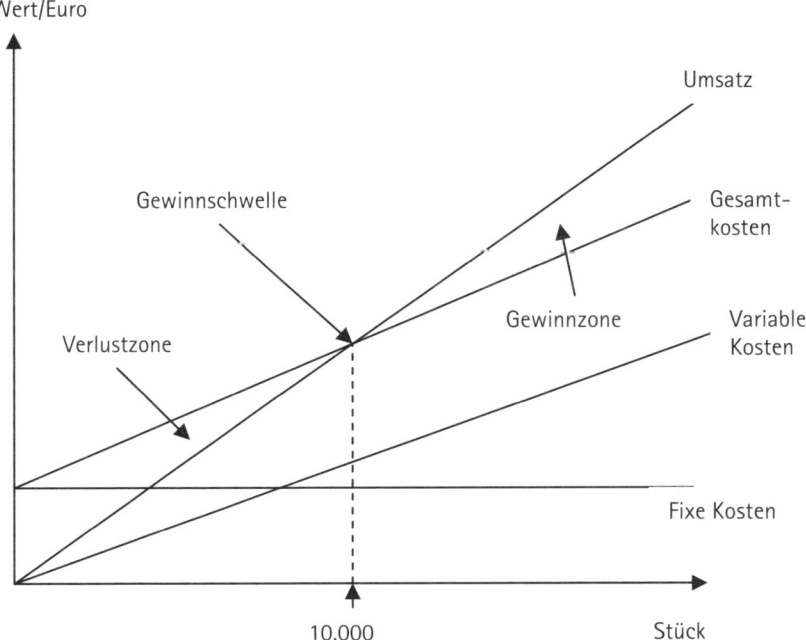

Beispiel einer Break-even-Analyse

Die Fixkosten sind als waagrechte Linie eingetragen, da diese für alle Produkte anfallen. Die variablen Kosten steigen hingegen mit der Stückzahl. An der Stelle, an der sich Gesamtkosten und Umsatz kreuzen, kann abgelesen werden, wie viel Stück für den Eintritt in die Gewinnzone erforderlich sind.

Deckungsbeitragsrechnung

Bei der Deckungsbeitragsrechnung werden vom Preis pro Produkt die variablen Kosten abgezogen. Daraus ergibt sich dann der Deckungsbeitrag. Ein Beispiel: Der Preis für ein Handy beträgt 100 Euro, 80 Euro sind variable Kosten pro Stück, dann liegt ein Deckungsbeitrag bzw. Erlös pro Stück von 20 Euro vor. Diese Berechnung wird Direct Costing genannt. Die mehrstufige Deckungsbeitragsrechnung berücksichtigt neben den variablen Kosten noch die Fixkosten: Vom Preis pro Produkt werden der anteilige Fixkostenbetrag und die variablen Kosten pro Stück abgezogen. Auf diese Weise entsteht der Deckungsbeitrag pro Stück.

Kalkulationsschema (Fixkosten, variable Kosten) ⊙

Alle Kosten des Projektes werden nach Fix- und variablen Kosten aufgeschlüsselt. Die Kosten gliedern sich in Sach- und Personalkosten. Diese werden wiederum in Eigen- und Fremdkosten unterschieden. Die Kosten sind pro Arbeitspaket oder Bauteil bzw. Anlagenprodukt zu ermitteln.

	Menge	Preis	Gesamt
Fixkosten (direkt oder pauschal)			
Eigenpersonal			
Fremdpersonal			
Eigene Sachkosten			
Fremde Sachkosten			
Summe 1			
Variable Kosten (direkt)			
Eigenpersonal			
Fremdpersonal			
Eigene Sachkosten			
Fremde Sachkosten			
Summe 2			
Gesamtkosten			
Anmerkungen			

Kalkulationsschema

Fixkosten können z. B. sein:

- Personal (Entwicklung, Verwaltung, Vertrieb, Konstruktion, Forschung)
- Miete/Leasing
- Energiekosten
- Equipment
- Werbung, Öffentlichkeitsarbeit
- Wartung, Instandhaltung

Variable Kosten können z. B. sein (pro Stück/Bauteil, Anlagenkomponente):

- Produktion
- Transport
- Maschinen
- Wartung, Instandhaltung
- Verpackung

Zur Angebotsabgabe wird die obige Kalkulation Vorkalkulation genannt. Nach dem Vertragsschluss wird daraus die Auftragskalkulation, d. h., Anpassungen aus den Vertragsverhandlungen, z. B. gewährte Rabatte, werden in der aus der Vorkalkulation übernommenen Kalkulation für die Abwicklung des Auftrages berücksichtigt.

Schätzmethoden

Es gibt unterschiedliche Schätzmethoden.

- Die Referenzprojekt-Schätzmethode nimmt die Erfahrungen vergangener Projekte und deren Arbeitspakete als Basis für die Ermittlung des Aufwands der neuen Arbeitspakete.

- Mit der Expertenbefragung holen Sie sich die Erfahrungen der Experten. Diese werden befragt bzw. schätzen in einer Schätzklausur die Arbeitspakete.

- Die Detaillierung zielt darauf ab, die Aufwendungen auf der Ebene abzuholen, wo sie bekannt sind. Wenn bei einem Arbeitspaket keine Erfahrung auf den ersten Blick erkennbar ist, dann wird das Sachergebnis zerlegt, bis ein Erfahrungswert vorliegt.

Für alle Schätzmethoden gilt: Ausgangspunkt der Schätzung ist das Arbeitspaket. Pro Arbeitspaket fallen eigene und fremde Personalkosten an, das gilt auch für eigene und fremde Sachkosten. Um die Personalkosten zu ermitteln, müssen die Aufwendungen pro Arbeitspaket angesehen werden. Dazu gilt, dass bei jedem Arbeitspaket ausreichend berücksichtigt werden müssen:

■ Vorbereitung,
■ Durchführung und
■ Nachbereitung.

Hier liegt schon der erste Schwachpunkt bei Projekten. Oft werden die Vor- und Nachbereitungszeiten zu wenig oder gar nicht einbezogen.

Neben diesen technischen Aufwendungen kommen noch organisatorische Aufwendungen wie Koordination, Reise- und Schreibzeiten dazu. All diese Aufwendungen werden mit einem festen oder diversifizierten Stundensatz multipliziert, so dass die eigenen Personalkosten ermittelt sind. In einem Stundensatz werden anteilig z. B. mit berücksichtigt:

■ Gemeinkosten,
■ Krankenstände,
■ Urlaub und
■ Risiken

Für die fremden Personalkosten sind entsprechende Angebote von Anbietern hinzuziehen. Für die eigenen Sachkosten gibt es entsprechende Rechnungen, für die fremden Sachkosten liegen hoffentlich Angebote vor.

■ Bei der Referenz-Schätzmethode werden die Kosten aus abgelaufenen Projekten als Kalkulationsbasis hergenommen. Voraussetzung ist, dass die Arbeitspakete von den Leistungen und Arbeitsumfängen mit den abgelaufenen Projekten vergleichbar sind. Außerdem müssen in den abgelaufenen Projekten die Kosten vollständig und ordnungsgemäß den Arbeitspaketen zugewiesen sein.

■ Bei der Experten-Befragung werden diejenigen Arbeitspakete angesehen, bei denen keine oder wenig Erfahrung vorliegt. Die Experten schätzen die Arbeitspakete z. B. in einer Klausur zunächst jeder für sich. Dann werden die Schätzwerte angesehen und jeder Experte begründet, weshalb er zu seinen Schätzwerten gekommen ist. Dieser Erfahrungsaustausch ist wichtig, weil so gesehen wird, ob ein Arbeitspaket vollständig spezifiziert ist. Wenn es fünf Experten sind, können die Extremwerte gestrichen werden, von den restlichen drei Expertenwerten wird dann der Durchschnitt gebildet. Erfahrungsgemäß benötigen die Experten zum Schätzen und Meinungsaustausch pro Arbeitspaket im Schnitt 10 Minuten.

- Die Detaillierung zerlegt das Arbeitspaket wieder. Angenommen, es soll ermittelt werden, was ein Pflichtenheft kostet. Falls das Pflichtenheft 20 Seiten umfasst, wird geschaut, wie viel Seiten leichten und schwierigen Text es hat. Auch wird untersucht, wie viele Bilder leicht und schwierig in der Erstellung sind. Das Ergebnis kann sein:

Aufwand (nach Erfahrungswerten):		
Bild leicht	2 h	
Bild schwierig	4 h	
Textseite leicht	3 h	
Textseite schwierig	6 h	
Errechnung Aufwand nach h		
5 Bilder leicht	5 x 2 h =	10 h
3 Bilder schwierig	3 x 4 h =	12 h
6 Textseiten leicht	6 x 3 h =	18 h
6 Textseiten schwierig	6 x 6 h =	36 h
Summe	76 h	

Beispiel einer detaillierten Schätzung

Eine Person benötigt ohne Unterbrechung mit kleinen Pausen also zwei Wochen zur Erstellung des Pflichtenheftes.

Wirtschaftlichkeitsrechnung

Wie sinnvoll und wirtschaftlich ist ein Projekt? Um diese Frage zu klären, werden im ersten Schritt die anfallenden Kosten für z. B. vier Jahre den Kosten gegenübergestellt, die für die Erzielung von Einsparungen erforderlich sind. Im zweiten Schritt wird über den geplanten Zeitraum, z. B. vier Jahre ohne Verzinsung, ermittelt, wie hoch die Einsparungen sind. Im folgenden Beispiel „Projektmanagement-Einführung" müssen für zwei Jahre

102.500 Euro ausgegeben werden, für weitere zwei Jahre je 19.200 Euro. Die Einsparungen sind pro Jahr mit 105.000 Euro angesetzt. Bei einer Betrachtung von vier Jahren ergibt sich ein Einsparpotenzial von 174.100 Euro. Für die Beispielfirma lohnt sich also die Einführung des Projektmanagements.

Berechnung der Wirtschaftlichkeit, Stand Projektstart

Festkosten für 1. + 2. Jahr		1. Jahr	2. Jahr	3. Jahr	4. Jahr	Summe
Software	Lizenzen, Updates	5.000	2.500			7.500
Entwicklung	eigene Kosten	30.000	15.000			45.000
	fremde Kosten	35.000	15.000			50.000
Festkosten geschätzt gesamt		70.000	32.500			**102.500**

Lfd. Ausgaben für 3. + 4. Jahr	Häufigkeit	Aufwand Std.	Stundensatz	
Software Anpassungen	1	160	160	9.600
Projekthandbuch Anpassungen	1	160	160	9.600
Lfd. Ausgaben geschätzt pro Jahr				19.200
Lfd. Ausgaben geschätzt für 2 Jahre				**38.400**
Gesamtkosten				**140.900**

Einsparungen für die Firma pro Jahr	Häufigkeit (Projekte)	Einsparung Stunden	Stunden Gesamt	
Abschnitt Projektstart	15	10	150	
Abschnitt Projektplanung	15	10	150	
Abschnitt Projektsteuerung	15	20	300	
Abschnitt Projektabschluss	15	10	150	
Termingerechte Fertigstellung	10	10	100	
Einhaltung des Kostenrahmens	20	10	200	
Exakte Zielerreichung	10	20	200	
Keine Nachbesserungen wegen guter Qualität	10	35	350	
Keine Gewährleistung	15	10	150	
Summe Stundensatz * Stunden	60		1750	105.000
Einsparungen geschätzt gesamt				**105.000**

Dynamische Investitionsrechnung

Jahre	1. + 2. Jahr	2. Jahr	3. Jahr	4. Jahr
Festkosten	102.500			
Einsparungen Et		105.000	105.000	105.000
Ausgaben At			38.400	38.400
Differenz Et - At		105.000	66.600	66.600
Nettobarwert, 5%		-2.381	55.151	109.943
Einsparpotenzial (ohne Verzinsung)				**162.712**

Beispiel für eine Wirtschaftlichkeitsrechnung

Ein weiteres Beispiel: Wenn die Prozesse in einer Abteilung verbessert werden sollen, dann kann dafür eine neue Software mit entsprechender Hardware angeschafft werden. Für die neue Software, die entsprechende Hardware und die laufende Pflege fallen Kosten an. Andererseits werden durch das komfortable Arbeiten mit der neuen Software Zeiten eingespart, weil z. B. der Projektbericht jetzt per Knopfdruck erstellt werden kann. Diese eingesparten Zeiten werden in Geld ausgedrückt und den Investitionen gegenübergestellt. Es kann dann gezeigt werden, ab wann durch die Einsparung die Investition refinanziert ist.

Zielkostenrechnung (Target-Costing-Kalkulation)

Die Zielkostenrechnung, auch Target-Costing-Kalkulation genannt, untersucht, was das Produkt kosten darf. Sie betrachtet die Kostensituation von außen nach innen oder auch von oben nach unten: Sie wird auch als Top-down-Methode bezeichnet. Zunächst geht es um die Frage: Welchen Preis verlangt der Mitbewerber für das Produkt? Wenn der Preis aus der Sicht des Marktes festgelegt ist, dann beginnt folgende Betrachtung:

Zielpreis

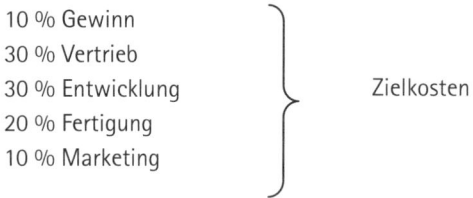

10 % Gewinn
30 % Vertrieb
30 % Entwicklung
20 % Fertigung
10 % Marketing

Zielkosten

Umgekehrt wird aus dem Projekt heraus auf der Basis der Arbeitspakete kalkuliert. Diese Kostenblöcke werden nun mit den Zielkosten abgeglichen. Oft ist es in der Praxis so, dass die Projektkosten höher als die Zielkosten sind. Dann setzen Überlegungen ein, wo kostenmäßig eingespart werden kann: Mit den Lieferanten werden Gespräche geführt, Produktionsverlagerungen werden diskutiert, neue technische Konzepte werden betrachtet unter dem Gesichtspunkt von Kosteneinsparungen. So gesehen ist die Zielkostenrechnung ein vernünftiges Regulativ, damit die Kosten auf dem Teppich bleiben.

Zuschlagskalkulation

In einem Projekt entstehen Kosten, die einem Produkt, einem Bau- oder Anlagenteil direkt zugeordnet werden können. Das können Material-, Lohn und Maschinenkosten sein. Auf der anderen Seite gibt es Kostenblöcke, die nur einmal entstehen und unabhängig von der Stückzahl sind. Das sind Forschungs- und Entwicklungskosten, Verwaltung und Vertrieb/Marketing.

In einem Unternehmen laufen 10 Projekte, an denen 20 Entwickler arbeiten. Fünf Projekte laufen ein Jahr, fünf Projekte laufen zwei Jahre. Wenn 10 Entwickler an fünf Projekten mit einem Jahr Durchlauf und die anderen 10 Entwickler an den fünf Projekten mit zwei Jahren Laufzeit arbeiten, dann entsteht ein Aufwand von 180 Mitarbeitermonaten. Angenommen ein Mitarbeitermonat hat 160 Stunden, dann ergibt das 28.000 Mitarbeiterstunden. Wenn der Stundensatz bei 50 Euro angesetzt wird, liegen die Kosten bei 1.440.000 Euro. Geplant ist, 500.000 Stück abzusetzen. Dann fallen pro Stück 2,88 Euro Personalkosten an.

Auch die anderen Gemeinkosten müssen pro Stück umgerechnet werden. Damit ergibt sich folgende Kalkulation:

Materialkosten pro Stück	Euro	5,00
Lohnkosten pro Stück	Euro	10,00
Fixkosten Personal pro Stück	Euro	2,88
Weitere Gemeinkosten pro Stück	Euro	1,00
Gesamtkosten pro Stück	Euro	18,88

3 Termine halten und retten

In Deutschland scheitert, laut einer Studie der Deutschen Gesellschaft für Projektmanagement, ein Drittel aller Projekte. Woran liegt das? Aufträge werden immer noch unzureichend geklärt. Termin- und Kostenpläne werden oberflächlich aufgestellt und nur dürftig verfolgt. Einerseits müssen die Beteiligten Zeit aufwenden, um regelmäßig und gründlich zu prüfen, wo das Projekt steht. Andererseits empfinden viele Projektleitungen die Situation als unangenehm, denn sie müssen Konflikte mit den Beteiligten austragen.

Termine halten und retten bedeutet,

- sich regelmäßig die IST-Werte wie Ergebnisse, Qualität, Kosten und Termine anzusehen und sie mit den entsprechenden SOLL-Werten zu vergleichen,
- Abweichungen für alle Beteiligten sichtbar zu machen,
- die Ursachen solcher Abweichungen herauszuarbeiten und
- Maßnahmen zu finden, mit denen die Abweichungen behoben werden können.

Hier zeigt sich die eigentliche Projektleitung. Nicht das Verwalten des Projektes ist gefragt, sondern das aktive Managen der Situation, d. h. Schwierigkeiten vorauszusehen, um rechtzeitig gegenzusteuern.

So beugen Sie Terminverzug vor

Ein Automobilhersteller plant für eine neue Fahrzeugreihe ein Cockpit mit neuem Design und neuen Funktionen. Das Kernteam für dieses Projekt besteht aus Vertrieb/Marketing, Entwicklung, Produktion, Einkauf, Controlling und Qualitätssicherung. Die Projektleitung liegt bei der Entwicklung. In einer Planungsklausur sind aus dem Projektergebnis und aus den Meilenstein-Inhalten heraus die Arbeitspakete für das Projekt „Cockpit" gebildet worden. Auf dieser Basis wurden der Terminplan und die Kalkulation aufgestellt. Nach der Klausur sind Terminplan und Kalkulation mit dem Gesamtprojekt „Neues Fahrzeug" abgestimmt worden. Die Pläne sind zum nächsten Meilenstein freigegeben. Die Termine sind äußerst knapp. Es gilt, die Entwicklung und Konstruktion für das neue Cockpit zügig voranzutreiben, da sich sonst der unbedingt einzuhaltende Endtermin für die Produktion der neuen Fahrzeugreihe verschiebt. Dem Projektleiter ist klar, welche Last auf seinen Schultern liegt. Wie kann er Terminverzug von vornherein vermeiden?

Wege zur Lösung

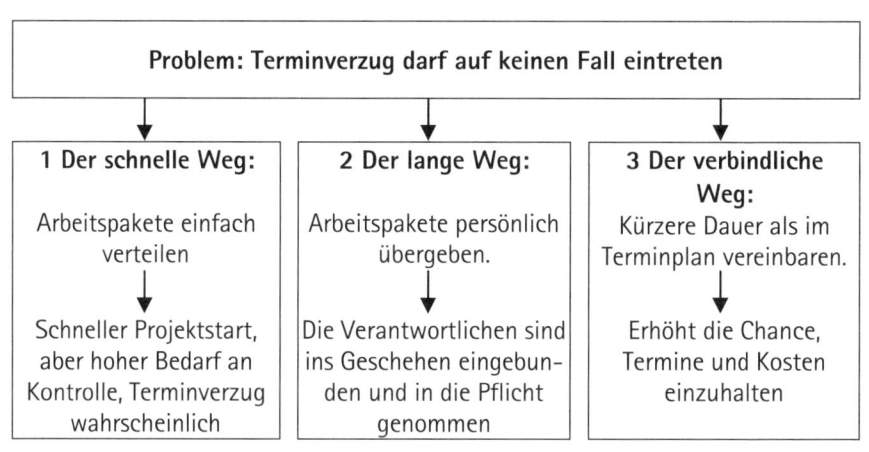

Problem: Terminverzug darf auf keinen Fall eintreten		
1 Der schnelle Weg:	**2 Der lange Weg:**	**3 Der verbindliche Weg:**
Arbeitspakete einfach verteilen	Arbeitspakete persönlich übergeben.	Kürzere Dauer als im Terminplan vereinbaren.
Schneller Projektstart, aber hoher Bedarf an Kontrolle, Terminverzug wahrscheinlich	Die Verantwortlichen sind ins Geschehen eingebunden und in die Pflicht genommen	Erhöht die Chance, Termine und Kosten einzuhalten

1 Der schnelle Weg: Arbeitspakete einfach verteilen

Ein möglicher Weg, der gerade bei Zeitnot oft und gerne von Projektleitern beschritten wird: Der Projektleiter setzt seine Teammitglieder in die Spur und verteilt die Arbeitspakete einfach. Dies kann durch Mails geschehen, wenn die Projektmitglieder schon lange zusammenarbeiten und ähnliche Projekte gemeinsam gestemmt haben, oder auf einer kurzen Projektbesprechung. So erspart sich der Projektleiter lange Einzel-Übergabegespräche und Meetings und gewinnt wertvolle Zeit. Er setzt dabei voraus, dass die Arbeitspakete selbsterklärend oder die Beteiligten erwachsen genug sind, bei Ungereimtheiten einfach nachzufragen.

VORSICHT BOMBE!

Wie bei der Auftragsübergabe kann nicht davon ausgegangen werden, dass die Arbeitspakete so eindeutig sind, dass Missverständnisse ausbleiben. Ferner wird die Chance verpasst, zwischen der Projektleitung und dem Arbeitspaket-Verantwortlichen eine klare Vereinbarung zu treffen.

So entschärfen Sie die Bombe
1 Stellen Sie ein Mindestmaß an Verbindlichkeit her, indem Sie explizit die Verantwortung an den Arbeitspaket-Verantwortlichen übertragen.
2 Vereinbaren Sie auch Zeitpunkte, an denen Ihnen der Arbeitspaket-Verantwortliche über den Stand der Arbeiten Auskunft gibt (Bringschuld).

PRO

Termine: Schnelle Verteilung der Arbeitspakete ist ein Beitrag zur Termintreue.
Kosten: Der Koordinationsaufwand ist gering; das kommt den Kosten zugute.

Qualität: Bei Projekten mit hohem Routineanteil und Wiederholungscharakter leidet die Qualität des Projektes nicht, wenn zügig gearbeitet wird.

Karriere: Sicherlich schadet es Ihrer Karriere nicht, wenn Sie von Anfang an schnell vorankommen.

 **CONTRA**

Termine: Die schnelle Übergabe kann zu langwierigen nachträglichen Klärungen oder zu Missverständnissen führen. Dann entstehen Sachergebnisse, die Sie nicht gebrauchen können – und das gefährdet die Termine und das Budget.

Qualität: Die Qualität der Sachergebnisse und der Abarbeitung der Arbeitspakete leidet unter dem verspäteten Klärungsbedarf. Häufige Unterbrechungen und Überarbeitungen sind die Quelle vieler Fehler, die es wieder zu beseitigen gilt.

Karriere: Der schnelle Projektstart könnte sich später als Fehlstart erweisen.

Fazit: Wann dieser Weg Erfolg verspricht

Der schnelle Weg ist bei einem eingespielten Team mit erfahrenen Mitstreitern möglich. Dies gilt auch für Zulieferfirmen, mit denen schon lange zusammengearbeitet wird. Hier sind Ausdrucksweise, Sprache und Meinungen bekannt. Wenn Arbeitspakete nicht zu umfangreich, nicht zu komplex und nicht auf dem zeitkritischen Pfad liegen, dann kann auf eine detaillierte Durchsprache der Arbeitspakete verzichtet werden. Das gilt auch für Projekte, die keinen hohen Neuigkeitsgrad haben. Wenn Projekte sich in abgewandelter Weise wiederholen und dadurch schon für die Beteiligten einen gewissen Routineanteil beinhalten, dann kann der Klärungsbedarf pro Arbeitspaket niedrig gehalten werden.

2 Der lange Weg: Arbeitspakete persönlich übergeben

Trotz des Zeitdrucks sind Sie der Überzeugung: Arbeitspakete einfach anzustoßen und laufen zu lassen, ist im Sinne der Projektarbeit wenig sinnvoll. Wie kann sichergestellt werden, dass die Arbeitspakete verstanden und akzeptiert werden? Wie ist eine nachhaltige Arbeitspaket-Verfolgung zu bewerkstelligen, wenn nicht durch genaue Spezifikation der Arbeitspakete und klare Absprachen zu ihrer Erledigung? Deshalb sprechen Sie die Arbeitspakete mündlich durch und halten sie schriftlich fest. Ob telefonisch oder in einem persönlichen Gespräch, spezifizieren Sie die Inhalte der Arbeitspakete und treffen Sie eindeutige Vereinbarungen für die Abwicklung der Arbeitspakete. Was sollte inhaltlich beim Arbeitspaket geklärt sein? Ein paar Beispiele:

- Was wird am Ende des Arbeitspaketes fertig sein?
- Welche Vorarbeiten und nachgelagerten Arbeiten stehen mit dem Arbeitspaket in Verbindung?
- Unter welchen Bedingungen werden Arbeitspaket-Ergebnisse abgenommen?
- In welchem Zeitfenster soll das Arbeitspaket erledigt werden?
- Wie viel Budget steht zur Verfügung?
- Wer soll daran mitarbeiten?
- Ist die Verfügbarkeit der Kapazitäten geklärt?

Neben der inhaltlichen Klärung des Arbeitspaketes ist auch die Zusammenarbeit abzusprechen. Das sind Aspekte wie:

- Bis wann soll in welcher Form berichtet werden?
- Wie soll sich der Arbeitspaket-Verantwortliche verhalten, wenn Schwierigkeiten auftreten?
- Welche Verantwortung trägt der Arbeitspaket-Verantwortliche?
- Welche Kompetenzen benötigt er, damit die besprochenen Sachergebnisse erreicht werden?
- Ist das Arbeitspaket inhaltlich und organisatorisch akzeptiert?
- Kann sich der Arbeitspaket-Verantwortliche mit der Aufgabenstellung identifizieren?
- Welche potenziellen Schwierigkeiten sind zu erwarten?
- Welche Dokumente und Software-Werkzeuge soll der Arbeitspaket-Verantwortliche einsetzen?
- Was darf der Arbeitspaket-Verantwortliche selbst entscheiden und wo muss er Rücksprache mit der Projektleitung halten?

Ziel muss sein, dass der Projektleiter mit dem Arbeitspaket-Verantwortlichen klare Absprachen trifft. Er sollte, immer die knappen Termine im Blick, auch Zusagen vom Arbeitspaket-Verantwortlichen einfordern, z. B. mit Fragen wie „Schaffen Sie den ehrgeizigen Termin? Was passiert, wenn Sie den Termin nicht schaffen?". Vergessen Sie dabei nicht, mit Ihrem Gesprächspartner respektvoll umzugehen und auch Hilfe anzubieten, falls dies erforderlich ist.

VORSICHT BOMBE!

Mit Inhaltsklärung und Absprachen verlieren Sie viel Zeit.

So entschärfen Sie die Bombe

1 Wägen Sie Aufwand und Nutzen genau ab, bevor Sie in persönliche Gespräche einsteigen.

2 Konzentrieren Sie sich auf zeitkritische Arbeitspakete oder sehr umfangreiche, komplexe Aufgabenstellungen. Richten Sie Ihren Fokus auf unzuverlässige Mitarbeiter.

3 Führen Sie generelle Regeln der Zusammenarbeit ein, damit vermeiden Sie Einzelfallklärungen.

4 Zeit kann auch eingespart werden, wenn Sie vor den Gesprächen die Arbeitspakete selbst detaillieren und beim Gespräch den Arbeitspaket-Auftrag gemeinsam als Protokoll erstellen.

PRO

Termine: Durch die frühzeitige Klärung der Aufgabenstellung und der Zusammenarbeit ist ein reibungsloser Ablauf gewährleistet. Die geplanten Termine sind damit erreichbar.

Kosten: Der investierte Aufwand ist meistens geringer als bei einer späteren Klärung der Arbeitspakete. Möglicherweise kann dadurch verhindert werden, dass Sachergebnisse für den Papierkorb produziert werden.

Qualität: Je klarer der geforderte Inhalt und die Zusammenarbeit sind, desto bessere Qualität wird von Anfang an erreicht.

Karriere: Mit dem langen Weg schärfen Sie Ihre Führungsqualitäten in den Bereichen Fachwissen, Absprachen und Vereinbarungen.

CONTRA

Termine: Sollten die Gespräche in einen Debattierclub ausarten, verlieren Sie unnötig Zeit.

Karriere: Das Image eines Bürokraten ist schnell angedichtet. Auch wird Führen durch Moderation oft als Schwäche ausgelegt. Achten Sie darauf, dass für die Beteiligten das Vorgehen transparent bleibt.

Fazit: Wann dieser Weg Erfolg verspricht

Neuartige Projekte, neue Vorgehensweisen und nicht eingespielte Teams bzw. neue Zulieferer sind Fälle für den langen Weg. Hier ist Klärungsbedarf angesagt, wenn die Projektleitung nicht während des Projektes Schiffbruch erleiden will. Straffe Terminpläne und Zeitdruck erfordern ebenso intensive Vorbereitung. Bei Projekten mit verordnetem Null-Fehler-Programm als Qualitätssicherung ist eine dezidierte Übergabe der Arbeitspakete unausweichlich. Auch wenn eine Produktion für eine kurze Zeit stillgelegt wird, um eine Erneuerung und Wartung der Anlage zu erreichen, dann muss jeder Handgriff sitzen. Jeder Tag Produktionsausfall kostet enorm viel Geld.

Der Weg ist ferner erfolgreich zu beschreiten, wenn dem Projektleiter das fachliche Know-how fehlt. Bei der gemeinsamen Besprechung der Arbeitspakete stellt sich dieses Fachwissen ein. Gleichzeitig werden die Arbeitspaket-Inhalte durch das Gespräch nochmals kritisch betrachtet. Sie haben damit eine klassische Qualitätssicherung im Sinne des Vier-Augen-Prinzips.

3 Der verbindliche Weg: Kürzere Dauer als im Terminplan vereinbaren

Der Terminplan ist im Team erstellt und verabschiedet worden. Ferner ist er für das Projekt durch den Auftraggeber freigegeben. Natürlich können Sie gleich bei der Planung pro Durchlaufzeit des Arbeitspaketes eine „stille Reserve" einbauen und diese den Teammitgliedern nicht offen legen. Umgangssprachlich wird dies als „Puffer einbauen" bezeichnet. Aber Vorsicht: Diese Vorgehensweise kann Ihre Glaubwürdigkeit erschüttern. Wenn die Projektbeteiligten mitbekommen, dass in dem Terminplan stille Reserven sind, dann werden die Termine aus dem Balkenplan in Zweifel gezogen. Außerdem gehen Sie das Risiko ein, dass Ihr Vorgesetzter Sie bereits bei der Planung veranlasst, den Endtermin um mehrere Wochen nach vorne zu schieben, weil er die Puffer erkennt.

Mit Terminen zu jonglieren, ist aber auch noch anders möglich: Vereinbaren Sie mit dem Arbeitspaket-Verantwortlichen mündlich eine um 10 % gekürzte Dauer. Wenn die Dauer 20 Arbeitstage beträgt, dann machen Sie dem Arbeitspaket-Verantwortlichen deutlich, dass es sinnvoll ist, eine Zeitreserve zu haben. Sie vereinbaren mit ihm statt 20 Arbeitstagen nur 18 Arbeitstage. Auf diese Weise schaffen Sie eine Reserve von 10 % für das gesamte Projekt.

Wichtig ist, dass Sie dabei mit offenen Karten spielen. Wecken Sie den Ehrgeiz Ihrer Mitstreiter. Machen Sie deutlich, dass Sie sich mit dieser Vereinbarung auf die sichere Seite stellen und im Projekt Stress vermeiden wollen.

 VORSICHT BOMBE!

Die Beteiligten wissen, dass es Reserven gibt, und lassen sich deswegen Zeit.

So entschärfen Sie die Bombe

1   Bei der Absprache der Termine vermitteln Sie den Sinn Ihrer Vorgehensweise und treffen eindeutige Vereinbarungen.

2   Schon bei der Vereinbarung der gekürzten Durchlaufzeiten zeigen Sie auf, was passiert, wenn die Termine nicht eingehalten werden.

3   Durch rechtzeitige Berichtszeitpunkte erkennen Sie, ob der Arbeitspaket-Verantwortliche sich auf die Termine einlässt.

4   Wenn der Arbeitspaket-Verantwortliche auf dem richtigen Weg ist, stellen Sie dies lobend heraus.

5   Durch das Ausloben von Prämien können Sie Ihre Vorgehensweise unterstützen.

 PRO

Termine: Terminverzug ist fast so sicher wie das Amen in der Kirche. Sie beugen mit diesem Weg proaktiv diesem Effekt vor und schaffen ein Netz mit doppeltem Boden.

Karriere: Sie zeigen, dass Sie motivierend führen können. Das schadet der Karriere sicherlich nicht.

 CONTRA

Termine: Wenn Ihre Mitstreiter nicht mitspielen, dann müssen Sie sich trotz Ihrer Vorkehrungen auf Terminverzug einstellen.

Qualität: Die Qualität wäre unter Umständen besser, wenn die Beteiligten ausreichend Zeit hätten, ihre Aufgaben abzuarbeiten.

Fazit: Wann dieser Weg Erfolg verspricht

Der verbindliche Weg steht und fällt mit der Mitwirkung Ihrer Projektteammitglieder. Dieser Weg geht mit den Beteiligten „erwachsen" um und appelliert an Vernunft und Einsicht. Die Offenheit und Klarheit muss auch in der Firmenkultur vorhanden sein, damit diese Vorgehensweise Früchte trägt. Bei personalintensiven Projekten, also bei Produktentwicklungen und Organisations-/Softwareprojekten kann dieser Weg gegangen werden. Kurzum überall dort, wo Sie die Durchlaufzeit der Arbeitspakete selbst beeinflussen können. Wenn Sie von festen Lieferzeiten abhängig sind, weil z. B. das Material am Markt schwer zu beschaffen ist, funktioniert dieser Weg nicht. Beschränken Sie den Weg auf zeitkritische Arbeitspakete, dort haben Sie auch den größten Erfolg, mögliche Terminüberschreitungen abzufangen. Dieser Weg muss dann durch die Arbeitspaket-Verfolgung abgesichert werden. Indem Sie rechtzeitig hinsehen, erkennen Sie, ob die Arbeitspaket-Verantwortlichen so arbeiten, dass die vereinbarten Termine erreicht werden.

Mein Weg: Dreiteilung der Arbeitspakete – so bin ich vorgegangen

Als Berater im Kernteam „Cockpit" habe ich mit dem Projektleiter eine Dreiteilung der Arbeitspakete vorgenommen. Die Arbeitspakete, deren Bearbeitung aus abgelaufenen Projekten bereits bekannt war, haben wir ohne weitere Erklärung an die Kernteammitglieder übergeben, allerdings mit der Auflage, dass sie die Spezifikation selbst vornehmen sollen. Der Projektleiter bot an, jeden Tag von 14.00 bis 15.00 Uhr für Fragen zur Verfügung zu stehen (Prinzip der offenen Tür).

Für die neuen Arbeitspakete, für umfangreiche und komplexe Arbeitspakete und für die Arbeitspakete, die über den Einkauf liefen (Lieferanten) sprachen wir einen Termin zur Spezifikation ab. Die Spezifikationen sollten im Gespräch entstehen und entsprechend protokolliert werden.

Eine besondere Aufmerksamkeit erfuhren alle Arbeitspakete, die auf dem kritischen Pfad lagen. Die Dauern dieser Arbeitspakete sind mit 10 % Zeitabschlag mit den Verantwortlichen vereinbart worden, um die Termintreue auf diese Weise sicherzustellen.

Flankierend wurde eine einstündige Projektbesprechung (Meeting oder Telefonkonferenz) pro Woche eingerichtet, in der die Arbeitspaket-Verantwortlichen einen Status über die Arbeitspakete abgaben (siehe Tool Projektstatusbericht auf S. 194), die gerade nach Terminplan bearbeitet wurden. Außerdem ließ sich der Projektleiter wöchentlich am Arbeitsplatz der Arbeitspaket-Verantwortlichen sehen. Er informierte sich, was gerade entstanden war und was bearbeitet wurde. Natürlich wurde dieses Vorgehen mit der Gesamtprojektleitung und den Linienverantwortlichen, aus deren Bereichen die Arbeitspaket-Verantwortlichen kamen, abgestimmt.

Das Cockpit-Team konnte auf diese Weise seinen Beitrag zum Gesamtprojekt rechtzeitig leisten.

 KLARTEXT: TERMINVERZUG VORBEUGEN

1 Fahren Sie bei der Vergabe der Arbeitspakete einen klaren und offenen Kurs.

2 Binden Sie die Beteiligten frühzeitig ein. Das gilt besonders bei der Aufstellung des Terminplans, bei der Spezifikation und dem Umgang mit den Arbeitspaketen.

3 Führen Sie die Bringschuld ein. Lassen Sie sich regelmäßig über den Stand der Arbeiten berichten.

4 Praktizieren Sie zusätzlich die Holschuld. Schauen Sie bei den Schaffenden vorbei, lassen Sie sich die Arbeiten zeigen. Es motiviert die Beteiligten, wenn Sie Interesse an den Sachergebnissen und „Volksnähe" zeigen.

5 Bauen Sie vereinbarte Reserven ein. Das Projekt und der Auftraggeber werden es Ihnen danken.

Projekt im Verzug – wann und wie Sie handeln müssen

DAS SZENARIO

Eine Elektro-Firma freute sich, einen Großauftrag an Land gezogen zu haben. Sie sollte die örtliche Kläranlage umbauen. Es galt, die gesamte Elektrifizierung der Kläranlage zu erneuern. Kabel sollten ausgetauscht, Transformatoren erneuert und neue Schaltschränke, Verteiler und Lichtquellen sollten installiert werden. Zunächst lief alles gut, bis nach vier Monaten Probleme auftauchten: Die Zeichnungen waren dem öffentlichen Auftraggeber zur Freigabe übergeben worden – und aus dessen Sicht waren Verbesserungen erforderlich. Erst nach diversen Gesprächen und Überarbeitungen erteilte er die Freigabe. Für das Projekt bedeutete das eine Verschiebung um vier Wochen nach hinten. Der gesamte Zeitplan drohte wegen dieses Verzugs zu kollabieren. Durch die verspätete Freigabe der Zeichnungen sind die Bestellungen für die Mittelspannungsanlage und für den Transformator vier Wochen später ausgelöst worden. Dadurch werden die bestellten Teile entsprechend später auf der Baustelle sein. In der Folge kann die Montage erst später beginnen. Im Vertrag war eine Pönale (Vertragsstrafe) von 3 % des Auftragsvolumens pro 5 Tage Verzug vereinbart. Was kann der Projektleiter tun, um das Projekt noch zu retten?

3

Wege zur Lösung

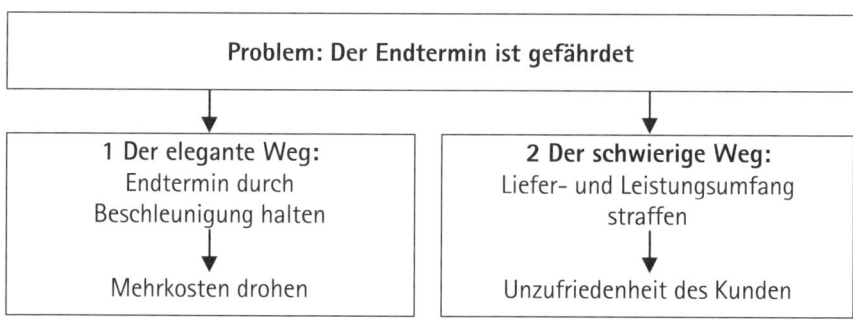

1 Der elegante Weg: Endtermin durch Beschleunigung halten

Eine Analyse der Störgrößen (siehe gleichnamiges Tool auf S. 122) ergibt: Um den Endtermin halten zu können, muss die Lieferung der Mittelspannungsanalyse um vier Wochen verkürzt werden. Der Zulieferer ist dazu auch bereit. Allerdings muss er eine zweite Schicht fahren, sodass Mehrkosten für die beschleunigte Bestellung entstehen werden. Dies stellt aber dann sicher, dass die Montage so wie geplant beginnen, die Inbetriebnahme wie geplant stattfinden und der Endtermin wie vertraglich vereinbart gehalten werden kann. Deshalb wird ein Gesprächstermin mit dem Auftraggeber vereinbart, um die Situation darzustellen und die Übernahme der Mehrkosten zu verhandeln.

 VORSICHT BOMBE!

Der Auftraggeber wird die Verbesserungen in den Zeichnungen als Fehler deklarieren und nicht bereit sein, die Mehrkosten zu bezahlen.

So entschärfen Sie die Bombe

1   Betreiben Sie vor dem Gespräch mit dem Auftraggeber mit Hilfe der Problemstrukturierung und der Fragetechnik Ursachenforschung und arbeiten Sie heraus, weshalb Verbesserungen erforderlich waren. Unterscheiden Sie zwischen Fehlern und Änderungen. Klären Sie, wodurch die Fehler entstanden sind und wer die Änderungen veranlasst hat.

2   Prüfen Sie, was der Auftraggeber an Vorgaben gemacht hat.

3   Bringen Sie zu dem Gespräch eine Entscheidungsvorlage mit:
Wer hat die Zusatzaufwände für die Verbesserungen zu vertreten?
Wer soll den Mehraufwand für die Beschleunigung beim Zulieferer bezahlen?
Wie sieht die Belohnung für die Sicherung des Endtermins für Lieferant und Projektleiter aus?

Termine: Der Endtermin kann gehalten werden.

Kosten: Die Mehrkosten für die Verbesserungen, für die Beschleunigung der Bestellung und für die höheren Aufwände für die Koordination sind deutlich geringer als der Umsatzausfall des Auftraggebers im Fall einer verspäteten Fertigstellung.

Qualität: Die vorzeitige Lieferung gewährleistet eine solide Montage und damit einen funktionsfähigen Betrieb.

Karriere: Sie zeigen, dass Sie in schwierigen Zeiten die Kastanien aus dem Feuer holen.

Fazit: Wann dieser Weg Erfolg verspricht

Es ist die zentrale Aufgabe einer Projektleitung, alles zu unternehmen, die Termine zu retten. Der Weg ist erfolgreich, wenn die Verbesserungen sich nicht als Fehler Ihrer Mitarbeiter herausstellen. Damit haben Sie die Verzögerung nicht zu vertreten. Die Verschiebung der Arbeitspakete hat der Kunde verursacht. Wenn Sie ihm dies diplomatisch vermitteln, wird seine Bereitschaft hoch sein, die Mehrkosten für die Beschleunigung zu übernehmen.

2 Der schwierige Weg: Liefer- und Leistungsumfang straffen

Wenn sich die Verbesserungen der Zeichnungen als Fehler Ihrer Mitarbeiter herausstellen, dann wird der vierwöchige Verzug auf Ihr Konto gehen. Der Kunde wird dann wenig Bereitschaft zeigen, die Mehrkosten zu übernehmen. In solchen Fällen gilt es zumindest die Pönale zu verhindern. Auch wenn die Beschleunigung seitens des Lieferanten nicht machbar ist, bleibt der Ausweg, den Liefer- und Leistungsumfang zu straffen. Die Projektleitung wird mit Hilfe der ABC-Analyse (siehe Tool S. 121) entscheiden, welche Arbeitspakete abgespeckt werden können und welche Lieferungen und Leistungen unbedingt für das Betreiben der Kläranlage notwendig sind. So kann z. B. die Dokumentation erst nach dem Endtermin übergeben werden oder Beleuchtungen in Gebäuden und Außenanlagen können nur teilweise installiert werden, ohne dass solche Einschränkungen den Beginn des Betriebs der Kläranlage aufhalten.

Termine: Trotz der Auslagerung einiger vereinbarter Sachergebnisse kann der Endtermin so gehalten werden, dass dem Start der Kläranlage nichts im Wege steht.

Kosten: Sie retten die Kostensituation. Zwar müssen für die Verbesserungen zusätzliche Kosten angesetzt werden, es entfällt aber die Pönale. Sie binden zwar zeitlich länger Personal, aber dafür haben Sie eine Kostenexplosion verhindert.

Qualität: Die Qualität kann trotz schrittweiser Fertigstellung gewährleistet werden.

Karriere: Gute Verhandlungsführung ist ein wichtiger Baustein zur Führung von Mitarbeitern. Dies haben Sie bewiesen – eine Empfehlung für die Zukunft.

Fazit: Wann dieser Weg Erfolg verspricht

Dieser Weg steht und fällt damit, dass sich Ihr Auftraggeber auf das Schieben einiger Elemente des Auftrags nach hinten einlässt. Der Weg ist daher nur erfolgreich, wenn Sie geschickt im Verhandeln und Überzeugen sind.

Mein Weg: Ursachenforschung und Verhandlung – so bin ich vorgegangen

Als Projektunterstützer habe ich mit dem Projektleiter die Situation analysiert. Die Ursachenforschung ergab, dass die Zeichnungen auf Grund von Urlaubsvertretungen nicht korrekt erstellt wurden. Es fehlten für den Kunden wichtige Eintragungen, deswegen verzögerte sich die Unterschrift. Die Analyse der Störgrößen (siehe Tool auf S. 122), die wir durchführten, ergab, dass sich drei Maßnahmen anboten:

- Ein Lieferant war bereit, früher zu liefern, wenn ihm die Mehrkosten für seine Arbeitsbeschleunigung bezahlt wurden.
- Auch war zu überlegen, so liefern zu lassen, dass der Montagetrupp gleich anfangen konnte.
- Der Liefer- und Leistungsumfang ließe sich so staffeln, dass der Endtermin nicht gefährdet wird.

Die Option 3 wäre dann in Kraft getreten, wenn Punkt 1 und 2 nicht realisierbar gewesen wären: Es galt, mit dem Kunden über die Termineinhaltung und die Aufhebung der vereinbarten Pönale zu verhandeln.

Die verschiedenen Varianten sind in der anberaumten Projekt(status)besprechung vorgestellt und besprochen worden. Das Kernteam war sich einig, dass zunächst mit dem Lieferanten gesprochen werden sollte. Die Erkenntnisse sind in der Meilenstein-Trendanalyse (siehe Tool auf S. 126) visualisiert worden.

Nach Gespräch und Abstimmung mit dem Kernteam war das weitere Vorgehen geklärt. Der Lieferant war bereit, vier Wochen früher zu liefern. Er stellte nur den Mehraufwand für vier Wochen in Rechnung und löste damit einkalkulierte Kostenreserven auf. Da die Kosten der Fehlerbeseitigung bei den Zeichnungen und die Lieferantenmehrkosten deutlich unter der Summe der drohenden Pönale lagen, trugen wir als Auftragnehmer diese Kosten selbst. Der Endtermin war gerettet. Auf einen Teil der Gewinnmarge musste jedoch verzichtet werden.

KLARTEXT: PROJEKT IM VERZUG · DAS KÖNNEN SIE TUN

1 In Konfliktsituationen wie dem Verzug des Projekts müssen die Fakten auf den Tisch und die Ursachen gefunden werden (Rückschau).

2 Auch wenn der Ärger und der Druck noch so groß sind: Greifen Sie niemanden an, unterstellen Sie nichts und vermeiden Sie Beschuldigungen.

3 Klären Sie das Problem mit den Beteiligten und dem Kernteam. Berufen Sie eine Projekt(status)besprechung ein.

4 Die Auswirkungen der Projektschieflage müssen betrachtet werden, bevor die Gegenmaßnahmen entwickelt werden.

5 Nutzen Sie die Analyse der Störgrößen und die Meilenstein-Trendanalyse.

Geschickt agieren, wenn Mitarbeiter ausfallen

» **DAS SZENARIO**

Als Projektleiter für die Toolentwicklung bei einer Software-Erstellung erfuhr ich nach zwei Monaten Projektlaufzeit ganz zufällig von einem Kollegen, dass meine Chefin zwei meiner Mitarbeiter für einen Schnelleinsatz bei einem Kunden abgezogen hatte. Mir wurde schnell klar, dass mein Projekt durch diese Maßnahme im optimistischen Fall für die nächsten Tage oder im pessimistischen Fall für ein paar Wochen viel zu wenig Personal hatte. Das Projekt stand zu der Zeit bereits voll in der Implementierung. Für die Erstellung der Software sollte ein grafisches Werkzeug bereitgestellt werden, was vier Spezialisten innerhalb von fünf Monaten bewerkstelligen sollten. Die Zeit war ohnehin knapp bemessen, weil die neue Software auf der kommenden CeBIT vorgestellt werden sollte. Ich war nach zwei Monaten geleisteter Arbeit sehr zuversichtlich, dass die Implementierung rechtzeitig fertig würde. Nun aber fehlten zwei Mitarbeiter und die Fertigstellung rückte in weite Ferne. Was konnte ich tun, um die verbleibenden drei Monate zu retten?

Wege zur Lösung

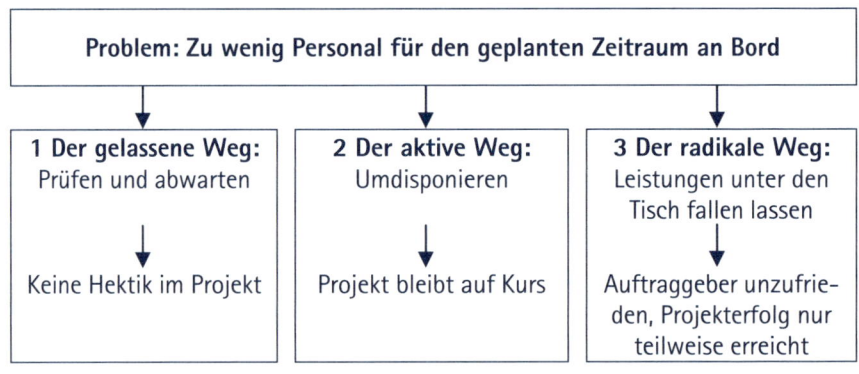

Problem: Zu wenig Personal für den geplanten Zeitraum an Bord		
1 Der gelassene Weg: Prüfen und abwarten	**2 Der aktive Weg:** Umdisponieren	**3 Der radikale Weg:** Leistungen unter den Tisch fallen lassen
Keine Hektik im Projekt	Projekt bleibt auf Kurs	Auftraggeber unzufrieden, Projekterfolg nur teilweise erreicht

1 Der gelassene Weg: Abwarten

Manche Projektleiter geraten bei einem plötzlichen Ressourcenausfall in Panik und melden Alarmstufe Rot an den Auftraggeber. Sie versetzen das ganze Projektteam in Aufregung und ergreifen spontane Gegenmaßnahmen, indem sie z. B. umgehend einen weiteren externen Mitarbeiter verpflichten. Das Ergebnis ist, dass durch die Hektik der Projektablauf durcheinander gerät und das Projekt erst recht in Zeitverzug kommt.

Der gelassene Weg hingegen bedeutet: Fallen Mitarbeiter überraschend aus, sorgen Sie zunächst dafür, dass alle Fakten auf dem Tisch liegen. Klären Sie folgende Punkte:

- Wie lange dauert der Ressourcenausfall voraussichtlich?
- Welche Arbeitspakete/Vorgänge sind davon direkt betroffen?
- Welche Arbeitspakete/Vorgänge liegen auf dem kritischen Pfad, welche freien Pufferzeiten stehen zum Ausgleich zur Verfügung?
- Welche Fähigkeiten und Kenntnisse des ausgefallenen Mitarbeiters sind für das Projekt notwendig?
- Welche Auswirkungen auf andere Arbeitspakete/Vorgänge und auf das Projekt insgesamt hat der Ressourcenausfall, wenn keine Gegenmaßnahmen getroffen werden?
- Welche Auswirkungen auf das Projektergebnis hat der Ressourcenausfall, wenn nichts dagegen unternommen wird?

Bei den Auswirkungen müssen Sie neben den Verzögerungen auch auf etwaige Vertragsstrafen oder andere entstehende Kosten achten. Bei der Analyse macht sich Sorgfalt während der Planung bezahlt. Wenn Sie den Terminplan mit einer Software erstellt haben, können Sie die meisten dieser Fragen mit wenigen Mausklicks beantworten.

Im optimalen Fall müssen Sie gar nichts tun. Die entfallenen Mitarbeiter sind vielleicht entscheidend für den Projekterfolg, aber ihr Beitrag kann auch nach ihrer Rückkehr problemlos in das Gesamtergebnis integriert werden.

VORSICHT BOMBE!

Die Gefahr, in Lethargie zu verfallen, liegt bei diesem Weg nahe.

So entschärfen Sie die Bombe
Seien Sie proaktiv und versuchen Sie, einige bestimmte Arbeiten vorzuziehen. Damit verschaffen Sie sich Reserven für weitere Ressourcenausfälle.

PRO

Termine/Kosten/Qualität: Aktionismus führt zu unüberlegten Schritten, was meistens Mehraufwand, Terminverzug, Mehrkosten, z. B. durch Koordination und überstürzten Personaleinkauf, nach sich zieht. Dies alles vermeiden Sie durch gelassenes Abwarten.

Karriere: Sie bleiben ruhig und verfallen nicht in unprofessionelle Hektik. Das wird Ihr Vorgesetzter wohlwollend zur Kenntnis nehmen.

CONTRA

Termine/Kosten: Sie gehen kein kleines Risiko ein: Wenn weitere Ressourcen ausfallen, trifft Sie dies unvorbereitet.

Karriere: Wenn Sie das Ressourcenproblem nicht entschlossen angegangen sind, kann der Schwarze Peter schnell bei Ihnen liegen.

Fazit: Wann dieser Weg Erfolg verspricht

Wenn die Folgen des Personalausfalls überschaubar sind und die Dauer der Ressourcenminimierung absehbar ist, dann ist es besser, ad-hoc-Maßnahmen zu vermeiden und den Weg des Abwartens zu wählen. Dennoch sollten Sie nicht ganz untätig sein. Überlegen Sie sich schon einmal einen Plan B, falls der Ressourcenausfall doch länger dauert, als ursprünglich absehbar war (siehe hierzu die Möglichkeiten im nächsten Weg).

2 Der aktive Weg: Umdisponieren

Auch hier kommt keine Hektik auf, sondern der Projektleiter geht ruhig und wohlüberlegt schrittweise vor:

- Suchen Sie zuerst die Arbeitspakete heraus, die vom Ressourcenausfall betroffen sind und auf dem zeitkritischen Pfad liegen. Was passiert, wenn diese Arbeitspakete unerledigt bleiben?

- Überprüfen Sie, ob Sie Arbeiten, die zu einem späteren Zeitpunkt geplant sind, zumindest teilweise vorziehen können. Eventuell müssen Sie hierzu spätere Vorgänge aufteilen. Im Balkenplan können Sie schnell erkennen, inwieweit dies die Verzögerung kompensieren kann. Diese Maßnahme ist sinnvoll, wenn ansonsten andere Mitarbeiter aufgrund des Ressourcenausfalls nicht am Projekt arbeiten können.

- Analysieren Sie spätere Projektphasen auf Beschleunigungsmöglichkeiten. Eventuell lassen sich dort Arbeitspakete, die im Moment nacheinander geplant sind, gleichzeitig durchführen. Damit erhöhen Sie allerdings das Risiko für Terminverzögerungen in diesen Phasen.

Falls dies nicht zum Erfolg führt, versuchen Sie Ressourcen zu aktivieren:

- Recherchieren Sie, ob interne Mitarbeiter für den ausgefallenen Kollegen einspringen können, ohne Mehrarbeit leisten zu müssen. Eventuell müssen Sie auch Urlaubssperren aussprechen.

- Prüfen Sie die Verfügbarkeit und Bereitschaft von Kollegen, durch Mehrarbeit (Überstunden, Wochenendarbeit) die Situation zu entspannen. Fordern Sie Unterstützung durch die Unternehmensleitung an.

- Recherchieren Sie die Bedingungen (Verfügbarkeit, Kosten) für den Einsatz eines externen Mitarbeiters.

Wenn das Projektergebnis inhaltlich gefährdet ist, gehen Sie so vor:

- Fragen Sie nach, ob der ausgefallene Mitarbeiter sein Fachwissen indirekt (telefonisch, per Mail) dem Projektteam weiterhin zu Verfügung stellen kann. Im Falle einer Erkrankung eines Mitarbeiters ist dieses Vorgehen nur möglich, wenn der Mitarbeiter freiwillig dazu bereit ist und der behandelnde Arzt diesem Vorgehen zustimmt.

- Überprüfen Sie, ob das nicht mehr verfügbare Fachwissen des Mitarbeiters durch Zukauf eines Teilergebnisses (z. B. Programm-Modul, elektronische Komponente) ersetzt werden kann.

- Führen Sie eine Marktrecherche durch, zu welchen Konditionen das benötigte Fachwissen zugekauft werden kann.

Nun liegen Ihnen alle Fakten vor. Sie wissen, ob Sie mit Hilfe der normalen Steuerungsmöglichkeiten den Ressourcenausfall kompensieren können oder welche Konsequenzen sich aus einem nicht auffangbaren Ausfall ergeben. Jetzt können und müssen Sie sich bei Bedarf an den Auftraggeber wenden und ihm ggf. eine Terminverschiebung, eine Kostenerhöhung oder eine Verringerung der zu erbringenden Leistung vorschlagen. Auch wenn dies zu Konflikten führt, erreichen Sie nur so Klarheit für sich und Ihr Projektteam.

 VORSICHT BOMBE!

Stützen Sie sich allein auf vorhandene Mitarbeiter zur Kompensation, sollten Sie beachten: Mitarbeiter haben auch Belastungsgrenzen. Werden sie überschritten, steigt die Fehlerquote, während die Motivation der Beteiligten sinkt, was wiederum zu weiteren Fehlern führt.

So entschärfen Sie die Bombe

1 Beziehen Sie bei der Lösung des Ressourcenproblems Ihre Mitarbeiter aus dem Kernteam konkret mit ein.

2 Vereinbaren Sie mit den Mitarbeitern klare Zeiträume für die Überbelastung. Danach müssen Sie wieder Normalstand gewährleisten.

3 Führen Sie in der Belastungsphase verstärkt das Vier-Augen-Prinzip ein, um die Fehlerquote unter Kontrolle zu halten.

4 Erkennen Sie den Mehreinsatz lobend und dankend an. Denken Sie auch an materielle Belohnungen.

5 Nimmt die Überbelastung unerwartet überdimensionale Ausmaße an, dann sprechen Sie mit den Mitarbeitern und setzen Sie Prioritäten.

 PRO

Termine: Durch Umplanung und ggf. neue Mitarbeiter verlangsamt sich das Projekt zunächst, letztlich können aber die Termine gehalten werden.

Karriere: Sie sind am Ende der Held. Sie haben gezeigt, dass Sie mit Menschen umgehen können und brenzlige Situationen mit Bravour meistern.

Kosten: Überstunden- und Feiertagszuschläge lassen die Kosten steigen. Der Aufwand der Umdisposition ist auch nicht zu unterschätzen.

Qualität: Beim Einsatz von Fremdpersonal kann ein Know-how-Abfluss nicht verhindert werden.

Fazit: Wann dieser Weg Erfolg verspricht

Voraussetzungen dieses Wegs sind ein sinnvoller Terminplan, eine eindeutige Kalkulation und eine genaue Arbeitspakete-Spezifikation. Je früher der der Ressourcenausfall im Verlauf des Projektes stattfindet, desto eher ist das Umplanen möglich und bringt den erhofften Erfolg. Entsprechendes Knowhow muss zur Verfügung stehen und die Mitarbeiter müssen motiviert sein mitzuziehen. Natürlich brauchen Sie auch die aktive Unterstützung Ihrer Führungskraft.

3 Der radikale Weg: Leistungen unter den Tisch fallen lassen

Manche Projektleiter neigen dazu, bei einem Ressourcenausfall gleich den Lieferumfang zu reduzieren, also das Lasten- und Pflichtenheft zu ändern. Dafür ist die Zustimmung des Auftraggebers erforderlich. Da dieser ein solches Vorgehen in der Regel nicht befürwortet, versuchen die Projektleiter, das Projektergebnis stufenweise während der Projektdurchführung zu reduzieren. Sie lassen Teilergebnisse bei einzelnen Arbeitspaketen unter den Tisch fallen, bleiben aber im Wesentlichen im Zeitplan. Die Projektleitung nutzt die ABC-Analyse (siehe Tool auf S. 121), um sich auf das Wesentliche für die Arbeitspakete zu konzentrieren: Was muss auf jeden Fall geliefert werden? In der Hoffnung, dass sich die Situation später gütlich klären lässt, steuern Sie auf eine Änderungsanforderung gegen Ende des Projekts zu. Ihr Argument: Da die Zwischenergebnisse nicht erreicht wurden, kann auch das Projektergebnis nicht den ursprünglich geplanten Umfang haben. Der Auftraggeber ist dann gezwungen, entweder das schlechtere Ergebnis zum vereinbarten Liefertermin zu akzeptieren oder eine erhebliche Laufzeitverlängerung zu bewilligen.

 **VORSICHT BOMBE!**

Ihr Vorgesetzter oder Ihr Kunde kann verärgert, enttäuscht und unzufrieden sein.

So entschärfen Sie die Bombe

1   Reduzieren Sie nicht still und heimlich die Arbeitspakete und das Endergebnis, sondern stellen Sei dem Auftraggeber die Situation dar und bieten Sie Alternativen zum Nachverhandeln an.

2   Bereits beim Start des Projektes priorisieren Sie die Anforderungen im Lastenheft. Im Ernstfall wissen Sie dann, worauf es ankommt.

3   Vereinbaren Sie von Anfang an Ausbaustufen, so dass sich das Projekt im Notfall z. B. auf die erste Ausbaustufe konzentrieren kann.

 PRO

Termine: Der Kunde bekommt dennoch zur vereinbarten Zeit lauffähige Bausteine.

Qualität: Es sind zumindest abgemagerte Sachergebnisse fertig. Besser so, als dass viele Sachergebnisse nur halbfertig vorliegen.

CONTRA

Termine/Kosten: Wenn der Kunde merkt, dass der gesamte Liefer- und Leistungsumfang nicht zum vorgesehenen Termin geliefert wird, dann wird ein möglicher Konflikt Zeit und Geld kosten, die Gemüter wieder zu beruhigen.

Qualität: Der Kunde nimmt die unvollständige Lieferung als Qualitätsmangel wahr.

Karriere: Sie laufen Gefahr, als Trickser dazustehen.

Fazit: Wann dieser Weg Erfolg verspricht

Der radikale Weg ist nur dann erfolgversprechend, wenn der Projektleiter auf den Kunden zugeht, die Situation darstellt und dann gemeinsam ein Ausweg gesucht wird. Er steht und fällt mit der Kooperation des Kunden. Deshalb muss die Projektleitung alles daran setzen, den Kunden ohne Verärgerung mit ins Boot zu bekommen. Bei Organisations- und Softwareprojekten kann dies ein Weg sein. Hier können oft schon Einzelteile der abgeschlossenen Teilumfänge in Betrieb gehen. Bei komplexen Systemen kann das Entwickeln und Installieren durchaus stufenweise erfolgen. Der radikale Weg glückt auch, wenn das Projekt von vornherein zweigleisig angelegt ist, es also von Anfang an einen Plan A und einen Plan B für den Notfall gibt. Der Vorteil dieser Vorgehensweise ist, dass im Konfliktfall keine Zeit verloren geht. Das Projektteam steigt dann einfach auf Plan B um. Die Doppelstrategie kann mit einer Risikoanalyse unterstützt und gefestigt werden (siehe Tool auf S. 128).

Mein Weg: Jonglieren mit zwei Optionen – so bin ich vorgegangen

Als Projektleiter bin ich zweigleisig gefahren. Zunächst habe ich in einem Gespräch mit meiner Chefin darauf hingewiesen, dass ich mir eine andere Vorgehensweise wünsche. Auch wenn sie in einer Notlage ist und auf Anordnung von oben gehandelt hat, ist es kein Grund, an mir vorbei die Mitarbeiter abzuziehen. Zum anderen habe ich die vereinbarten Projekttermine aufgekündigt und einen zweiten Gesprächstermin vereinbart, zu dem ich Vorschläge unterbreitete, wie die von außen herbeigeführte Projektkrise zu bewältigen ist.

Nach dem Erstgespräch mit meiner Chefin habe ich das Restteam zusammengeholt und die Situation geklärt. Wir schauten uns an, welche Arbeiten durch den Ressourcenausfall nicht mehr in den nächsten Wochen erledigt werden konnten. Wir überlegten, ob es Arbeiten gab, die vorziehbar waren, und stellten fest, wer bereit war, durch höheren Einsatz einige verwaiste Arbeitspakete zu übernehmen. Es war geplant, das neue Grafik-Tool auf der kommenden CeBIT einer breiten Kundschaft vorzustellen. Es blieben nur noch drei Monate. Im Team kamen wir zum Schluss, dass wir uns deswegen mindestens eine Person aus anderen Projekten oder Abteilungen besorgen mussten. Ebenso stellten wir fest, dass der Funktionsumfang auf der CeBIT geringer sein konnte, als letztlich der des Endproduktes. Mit dieser kostenneutralen Lösung ging ich zum zweiten Treffen. Die Führung stimmte dem Weg zu. Die Vorstellung auf der CeBIT war gerettet und übrigens auch ein großer Erfolg.

KLARTEXT: MITARBEITERAUSFALL KOMPENSIEREN

1 Planen Sie möglichst früh Krisensituationen ein. Das kann am Ende der Planung durch eine dezidierte Risikoanalyse mit einem Notfallplan geleistet werden.

2 Prüfen Sie die Situation bei Ressourcenausfall gemeinsam mit Ihrem Team und mit Hilfe des Terminplanes sowie der zeitkritischen Arbeitspakete. Erarbeiten Sie Vorschläge zur Beseitigung der Notlage.

3 Stimmen Sie alle weiteren Schritte mit dem Auftraggeber und den Führungskräften aus Ihrer Firma ab.

Mitten im Projekt ändern sich die Ziele – was können Sie tun?

DAS SZENARIO

In einem Werk für Papierherstellung sollte Projektmanagement für die Investitions- und Aufwandsprojekte eingeführt werden. Dazu war ein Weiterbildungsinstitut beauftragt worden, das eng mit ausgewählten internen Abteilungen zusammenarbeiten sollte. Nach der Beauftragung hatte sich ein kleines Team, bestehend aus der Leitung der technischen Planung, dem Stellvertreter der Instandhaltung und einem Trainer des Weiterbildungsinstituts, gebildet und die Arbeit aufgenommen. Eines der Arbeitspakete war ein Projektmanagement-Handbuch, für seine Erstellung war laut Vertrag die technische Planung der Papier-Firma zuständig. Sie hatte bereits die Methoden für das Werk ausgewählt und ein Beispielvorhaben formuliert. Dann stellte sich jedoch heraus, dass keine Kapazität mehr vorhanden war, um die Texte für das Handbuch zu erfassen und die Bilder zu erstellen. Sie wandte sich an das Weiterbildungsinstitut mit der Bitte, diese aufwändigen Arbeiten zu übernehmen. Was sollte das Institut tun? Alle Ressourcen waren anderweitig gebunden und die Termine für das Projekt ohnehin knapp bemessen. War es möglich, den Kundenwunsch zu erfüllen und gleichzeitig die Termine zu halten?

3

Wege zur Lösung

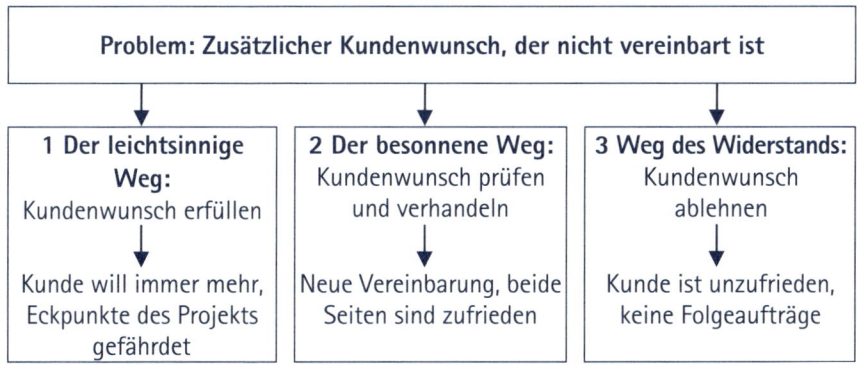

Problem: Zusätzlicher Kundenwunsch, der nicht vereinbart ist		
1 Der leichtsinnige Weg: Kundenwunsch erfüllen	**2 Der besonnene Weg:** Kundenwunsch prüfen und verhandeln	**3 Weg des Widerstands:** Kundenwunsch ablehnen
Kunde will immer mehr, Eckpunkte des Projekts gefährdet	Neue Vereinbarung, beide Seiten sind zufrieden	Kunde ist unzufrieden, keine Folgeaufträge

1 Der leichtsinnige Weg: Kundenwunsch erfüllen

Wie heißt es so schön: „Der Kunde ist König". Deshalb wird der Kundenwunsch bei diesem Weg gleich in die Tat umgesetzt. Beide Seiten unterhalten sich nicht darüber, dass hier eine Leistung gefordert ist, die nicht im Vertrag steht. Das bedeutet, dass die Termine trotzdem zu halten sind und Mehrleistung zu den ursprünglichen Kosten erbracht wird. Der Gewinn des Auftragnehmers schmilzt dahin. Weshalb wird dieser Weg trotzdem häufig eingeschlagen? Oft ist sich der Projektleiter der Brisanz der Änderung nicht bewusst. Außerdem will er dem Kunden gefallen und hat Angst, Folgeaufträge, die im Raum stehen, zu verlieren.

 VORSICHT BOMBE!

Später auftretende Termin- und Kostenüberschreitungen können nicht durch die Änderung begründet werden. Der Kunde hat leichtes Spiel mit weiteren Forderungen. Wie kann dann die Reißleine gezogen werden?

So entschärfen Sie die Bombe
1   Bei der Übernahme der Änderung verweisen Sie auf die Gefahr, dass Termine und Kosten nicht gehalten werden können.
2   Führen Sie einen Redaktionsschluss oder einen Feature Freeze ein, nach dem keine Änderungen mehr durchgeführt werden.
3   Machen Sie die Zusage von Umfang, Aufwand und Stand des Projekts abhängig.

 PRO

Qualität: Änderungen können durchaus den Kundennutzen erhöhen.

Karriere: Sie haben sich in den Dienst des Kunden gestellt und die Kundenzufriedenheit gesichert. Ihre Führung wird dies wohlwollend registrieren, weil Sie einen Beitrag zur Erhaltung der Auftragslage geleistet haben.

 CONTRA

Termine: Kundenwünsche können sich als Kuckucksei entpuppen. Wenn Sie die Auswirkungen der Änderung nicht kennen, laufen Sie Gefahr, den Endtermin Ihres Vorhabens zu gefährden.

Kosten: Änderungen ohne zusätzliches Budget bedeuten mehr Aufwand, steigende Kosten, weniger Gewinn.

Qualität: Änderungen bedeuten meistens, dass viele der bisher erstellten Dokumente modifiziert werden müssen. Das ist ein Hort von zusätzlichen Fehlerquellen.

Karriere: Wenn die Änderungen doch zu Kostenüberschreitung und Terminverzug führen, dann stehen Sie nicht gut da.

Fazit: Wann dieser Weg Erfolg verspricht

Änderungen „nebenbei" können bei einfachen, überschaubaren Vorhaben durchaus ausgeführt werden. Die Änderung selbst sollte überschaubar sein. Es gibt Änderungen, die wenig kosten und auch den Endtermin nicht gefährden. Bei Entwicklungs-, Software- und Organisationsprojekten kann das der Fall sein, vor allem in den sehr frühen Abschnitten eines Projektes. Es gibt auch Vorhaben ohne Vertrag oder genaue Aufgabenstellung in Form von Lasten- und Pflichtenheften, gerade firmenintern. Wer keine Bezugsbasis hat, kann dann die Änderung nicht als Änderung ausweisen.

2 Der besonnene Weg: Kundenwunsch prüfen und verhandeln

Der besonnene Weg teilt sich in vier Abschnitte auf.

1   Zunächst wird der Kundenwunsch entgegengenommen und erst geprüft, welche Auswirkungen die Änderung auf Technik, Qualität, Termine und Kosten hat. Dies geschieht anhand von Termin- und Kostenplänen, technischen Spezifikationen, Schaltplänen, Zeichnungen und Bauplänen.

2   Im zweiten Schritt werden Vorschläge erarbeitet, um der Änderung gerecht zu werden. Diese beinhalten die Konsequenzen der Änderung. Je nach Änderungswunsch können die Vorschläge sehr unterschiedlich aussehen. Wenn z. B. in die Software eine zusätzliche Funktion eingebaut werden soll, werden entsprechende Anpassungen an Algorithmen dargestellt. Die Konsequenz der Änderung kann sein, dass zusätzliche Tests erforderlich sind.

3   Im dritten Schritt werden die Vorschläge mit ihren Auswirkungen dem Auftraggeber oder einem Entscheidungsgremium des Projektes vorge-

stellt. Wenn zwischen dem Kunden und dem Auftragnehmer ein Vertrag existiert, dann wird ein Nachtragsangebot vorgelegt.

4 Nun wird verhandelt und entschieden, welcher Vorschlag mit welchen Auswirkungen umgesetzt wird. Natürlich kann die Änderung bei dieser Verhandlung auch verworfen werden.

Falls die Änderung beschlossen wird, dann wird sie im Projekt umgesetzt. Die Termine werden im Balkenplan entsprechend angepasst, das Budget wird erhöht, da neue Termine und Mehrkosten vom Kunden akzeptiert sind. Nach der technischen Umsetzung der Änderung werden Lasten- und Pflichtenheft und – falls erforderlich – auch andere technische Dokumente, angepasst. Am Ende wird die Änderung per Rechnung abgerechnet. Der gesamte Prozess wird über die Änderungsliste gesteuert (siehe Tool Änderungs-/Claim-übersicht auf S. 121).

VORSICHT BOMBE!

Bis Änderungen genehmigt sind, kann es dauern.

So entschärfen Sie die Bombe

1 Ein zu Beginn des Projektes vereinbartes Verfahren bei Änderungswünschen mit eindeutiger Rollenaufteilung und Dokumentation wirkt beschleunigend auf die Änderungsprozedur.

2 In den Vertrag ein gewisses Änderungspotenzial aufnehmen, z. B. 10 % der Vertragssumme sind für Änderungen mit dem Vertrag abgedeckt.

3 Bei kleinen Änderungen, die termin- und kostenneutral sind, kann auch der „kleine Dienstweg" beschritten werden: Der Auftraggeber bekommt dann eine E-Mail mit dem Hinweis, dass die Änderung durchgeführt wird, wenn er bis zu einem gesetzten Termin nicht widerspricht.

PRO

Termine: Das Verfahren bringt die Termine in geordnete Bahnen. Es gibt klare Termine aus dem Vertrag und klare neue Termine aus der Vertragsergänzung.

Kosten: Es ist später nachvollziehbar, welche Kosten überzogen bzw. eingehalten sind. Die Änderung verursacht beim bestehenden Vorhaben keine Erhöhung.

Qualität: Die Qualität kann gesichert werden, da die Änderungen wohl überlegt eingearbeitet werden. Die Dokumentation ist entsprechend aktualisiert und die Änderungsstellen sind gekennzeichnet.

Karriere: Sie haben Mut und Verhandlungsstärke bewiesen. Keine schlechten Voraussetzungen für Ihren weiteren beruflichen Weg.

Fazit: Wann dieser Weg Erfolg verspricht

Der besonnene Weg ist dann von Erfolg gekrönt, wenn Sie mit folgenden Situationen konfrontiert sind:

- Zeitkritische Projekte
- Nicht verschiebbarer Endtermin
- Kosteneinsparendes Vorhaben
- Komplexe Systeme aus vielen Einzelteilen und mit vielen technischen und organisatorischen Schnittstellen
- Das Vorhaben ist in der Endphase wie Montage, Inbetriebnahme oder Aufnahme der Produktion

Der besonnene Weg ist sicher auch sinnvoll, wenn Sie mit dem Auftraggeber noch wenige Erfahrungen gemacht haben und wenn Sie in der Produktentwicklung neue Wege gehen.

3 Weg des Widerstands: Kundenwunsch ablehnen

Der ablehnende Weg besteht aus einem argumentativen Nein: Die Projektleitung lehnt die Änderungswünsche ab. Sie begründet dies mit dem zu erfüllenden Vertrag oder der „sportlichen" Terminsituation oder sie stellt die Risiken so drastisch dar, dass der Kunde vor einer Änderung zurückschreckt. Das können Sie wie folgt tun: Sie werden dem Auftraggeber schriftlich mitteilen, wie sich die Änderung technisch, terminlich und kostenmäßig auswirkt. Sie zeichnen in rot die Änderung in die Zeichnung ein, Sie kennzeichnen im Terminplan die Arbeitspakete, die sich verschieben bis hin zum Endtermin. Sie legen eine überarbeitete Kalkulation der modifizierten und neuen Arbeitspakete vor. Zu guter Letzt übergeben Sie dem Auftraggeber noch eine Risikoanalyse (siehe Tool auf S. 128)

 **VORSICHT BOMBE!**

Der Kunde ist unzufrieden. Er greift zum Telefonhörer und beschwert sich über Sie bei der Geschäftsleitung.

So entschärfen Sie die Bombe

1   Bevor Sie gegenüber dem Kunden ablehnen, versichern Sie sich der Unterstützung im eigenen Haus.
2   Begründen Sie Ihre Ablehnung gut. Stellen Sie die Risiken dar.
3   Eine Ablehnung ist leichter durchsetzbar, wenn Sie dem Kunden aufzeigen, dass Sie die Änderung ernst nehmen, und ihm vorschlagen, die Änderung in der nächsten Ausbaustufe zu berücksichtigen.
4   Sie können Änderungen gleich beim Start des Projekts bzw. im Vertrag ausschließen.

 PRO

Termine: Die vereinbarten Termine sind einigermaßen gesichert.

Qualität: Sie können in Ruhe arbeiten. Damit sinkt die Fehlerquote und die geplante Qualität in Ablauf und Sachergebnis kann erreicht werden. Birgt die Änderung hohe Risiken, wenden Sie mit Ihrem Verhalten eine Projektgefährdung ab. Änderungen beinhalten schließlich die Gefahr, dass Folgeauswirkungen gerade unter Zeitdruck übersehen werden. Diese sind später aufwändig zu beheben.

Karriere: Ihre Chefs wissen es zu würdigen, wenn Sie klaren Kurs halten.

 CONTRA

Kosten: Unter Umständen entgeht Ihnen die Chance, mögliche Verluste des Projektes durch zusätzliche Einnahmen auf Grund von Änderungen aufzufangen.

Qualität: Änderungen, die unter Zeitnot ausgeführt werden, erhöhen die Fehlerquote.

Karriere: Unflexibilität wird Ihrer Karriere schaden. Sie laufen Gefahr, im Unternehmen oder beim Kunden als Sturkopf zu gelten.

Fazit: Wann dieser Weg Erfolg verspricht

Sicherlich gibt es im Projektgeschehen Situationen, in denen die Projektleitung Kooperation mit dem Kunden klein schreibt: Der Kunde hat schon mehrfach angekündigt, den Vertrag oder den Letter of Intent zu unterschreiben, tut es aber nicht. Aus Zeitgründen wurde das Projekt schon gestartet. Hier ist der Weg des Widerstands erfolgversprechend, um den Kunden zu klaren Absprachen bzw. zum Vertrag zu bewegen. Ebenso ist es ratsam, am Ende des Projektes mit Änderungen vorsichtig zu sein. Das gilt auch, wenn für den Projektleiter noch nicht absehbar ist, welche Auswirkungen die gewünschte Änderung hat. In der Summe muss die Ablehnung solide begründet sein, um Erfolg zu versprechen.

Mein Weg: Nachtragsangebot verhandelt – so bin ich vorgegangen

Im vorher skizzierten Projekt hat das Weiterbildungsinstitut die Änderung fast stillschweigend in Kauf genommen und die Texte für das Projektmanagement-Handbuch „kostenfrei" erfasst, um den Kunden zufrieden zu stellen. Terminlich hatte das letztlich zwar keine Auswirkungen, weil alle Mitarbeiter bereit waren, Überstunden zu leisten, aber die Gewinnmarge des Instituts ging gegen Null.

Als Experte rate ich, diesen leichtsinnigen Weg nicht zu gehen. Sicherlich gibt es Ausnahmen, aber unter dem Strich gefährdet der Projektleiter so den Projekterfolg, in unserem Beispielprojekt den Gewinn. Ich rate in den meisten Fällen auch davon ab, den ablehnenden Weg zu gehen, denn damit ist Ärger auf beiden Seiten vorprogrammiert. Gehen Sie den besonnenen Weg. Schauen Sie sich die Auswirkungen der Änderung an und machen Sie dem Kunden entsprechende Vorschläge. Erst wenn gemeinsam entschieden wurde und der Kunde das Nachtragsangebot unterzeichnet hat, wird geändert. Damit können meistens beide Seiten gut leben.

KLARTEXT: ZIELE ÄNDERN SICH IM LAUFENDEN PROJEKT

1 Vereinbaren Sie zu Beginn des Projektes oder im Vertrag, wie Änderungen behandelt werden. Richten Sie ein Entscheidungsgremium für solche Wünsche ein.

2 Sehen Sie im Vertrag schon einen Betrag in Höhe von 10 % des Auftragsvolumens für Änderungen vor, damit Sie sich den langen Durchlauf des Änderungsverfahrens bei kleinen Änderungen sparen können.

3 Installieren Sie eine Person im Projekt, die sich um die Änderungen kümmert. Nutzen Sie bei komplexen Projekten dazu entsprechende Software. Damit wird der Verwaltungsaufwand reduziert.

4 Trennen Sie klar zwischen Abweichung und Änderung. Kommunizieren Sie auch dem Kunden und den Führungskräften in Ihrer Firma, ob Kosten- oder Terminüberschreitungen durch eine Abweichung oder Änderungen verursacht wurden.

5 Führen Sie konsequent die Änderungsübersicht, gehen Sie offenen Punkten nach.

Diese Tools brauchen Sie

 NÜTZLICHE TOOLS

Tool	Kurzbeschreibung Stärken/Schwächen	Aufwand Nutzen
ABC-Analyse	Methode, durch Priorisierung Entscheidungen herbeizuführen. Sie betrachtet in der Regel zwei Wertepaare wie z. B. Kunden/Umsatz. Die Wertepaare werden nach Größe sortiert, dann kumuliert und den Klassen A, B und C zugeordnet.	●●● ★★★★
Änderungs-/ Claim- Übersicht ⬇	Eine Änderung ist eine Erweiterung oder Kürzung, ein Claim ein Anspruch eines Vertrages (bzw. des Lasten-/ Pflichtenhefts). Claims können verschiedene Auslegungen eines Vertrags oder auch Reklamationen oder Mehraufwendungen sein, die der Projektleiter nicht zu vertreten hat. Die Änderungs-/ Claim-Übersicht schafft Abhilfe, wenn der Überblick verloren zu gehen droht. Aufwändig in der Pflege.	●●●●● ★★★★★

Tool	Kurzbeschreibung Stärken/Schwächen	Aufwand Nutzen
Analyse der Störgrößen	Stellt visuell auf systematische Weise die Schwierig-keiten (Störgrößen) in einem Projekt dar und hilft dabei, zunächst Alternativen zur Problembehebung herauszuarbeiten. Nach Beurteilung der Konsequenzen auf die Termine, Kosten und die Qualität kann treffsicher entschieden werden, welche Maßnahmen zweckmäßig sind. Ver-hindert in Projektbesprechungen endlose Diskussionen. Aufwand erheblich. Bei konsequentem Einsatz entsteht – nebenbei – ein Projekttagebuch der Geschehnisse.	●●●● ★★★★★
Arbeitspaket-Auftrag ⬇	Schriftliche Spezifikation der Arbeitspakete. Unver-zichtbar für kritische Arbeitspakete. Der checklistenar-tige Aufbau stellt sicher, dass nichts vergessen wird. Aufwändig, kann aber effektiv gleich als Protokoll bei der Durchsprache der Arbeitspakete genutzt werden.	●●●● ★★★★★
Fertigstel-lungsgrad	Gibt Auskunft, zu wie viel Prozent ein Sachergebnis fertig ist. Nachteilig ist, dass gerade bei geistiger Arbeit der Fertigstellungsgrad oft nur als Bandbreite von z. B. 20 % - 30 % eingeschätzt werden kann. Vorteilhaft ist, dass damit geschaut werden kann, ob der Verbrauch von Zeit und Kosten mit dem Fertigstellungsgrad plau-sibel korrespondiert.	●● ★★★★
Meilenstein-Freigabe ⬇	Management-Besprechung mit dem Auftragnehmer bzw. Auftraggeber oder mit den Vorgesetzten der Kernteammitglieder, letzteres wird auch Lenkungsaus-schuss genannt. Sachergebnisse, die zu einem be-stimmten Meilenstein fertig sein sollen, werden dort formal und inhaltlich geprüft. Damit wird gewährleistet, dass die folgenden Arbeits-pakete auf gesicherte, also freigegebene Sachergebnis-se zurückgreifen können.	●●● ★★★★★

3

Tool	Kurzbeschreibung Stärken/Schwächen	Aufwand Nutzen
Meilenstein-Trendanalyse ⏺	Visuelle Prognose-Aussage über die Meilensteine mit ihren Zwischenergebnissen. Gibt auf einen Blick wieder, wie sich die Meilensteine bis heute entwickelt haben und sagt aus, wie sich die Meilensteine aus heutiger Sicht in Zukunft darstellen werden. Ist größtenteils händisch zu führen, bisher nur wenig Software-Unterstützung.	●● ★★★★★
Risikoanalyse	Die Risikoanalyse listet die Risiken im Ablauf des Projektes auf. Auf der Basis von Tragweite und Eintrittswahrscheinlichkeit wird entschieden, welche Maßnahmen ergriffen werden müssen, um das Risiko zu minimieren oder auszuschalten.	●●●● ★★★★
Projekt-(status)-besprechung ⏺	Eine Besprechung, in der die Teilnehmer, in der Regel das Kernteam, aus der Vogelperspektive das Projekt mit seinen Arbeitspaketen und Meilensteinen betrachten. Es geht um die Projektrückschau, die Projektvorausschau und das Verabschieden geeigneter Maßnahmen zur Behebung der Schwierigkeiten. Die „Hausaufgaben" werden in der Liste offener Punkte (LOP), siehe S. 47, festgehalten.	●●● ★★★★★
SOLL-/IST-Vergleich Termine	Um die Terminabweichung pro Arbeitspaket oder Meilenstein zu ermitteln, ist das SOLL mit dem IST im Balkenplan abzugleichen. Auf Grund der Abweichungen der Arbeitspakete auf dem kritischen Pfad sind die Folgen für die Termine bis zum Ende des Projektes gut ablesbar, zumindest wenn ein Projektmanagement-Werkzeug, wie z. B. die Software „A-Plan", verwendet wird. Je detaillierter Sie Ihren Balkenplan anlegen, desto aufwändiger ist die Eingabe der IST-Werte.	●●● ★★★★

Die mit dem Icon ⏺ gekennzeichneten Tools können Sie im Internet unter www.projektmagazin.de/klartext abrufen.

Die besten Tools – wie sie funktionieren

ABC-Analyse

Die ABC-Analyse hilft bei der Planung und Entscheidungsfindung. Mit ihr können Prozesse und Objekte gewichtet werden. Sie geht von Wertepaaren aus. Diese können sein

- Kunden – Umsatz
- Kosten – Nutzen
- Artikel – Anzahl (Bestand)
- Ressourcen – Kosten
- Anzahl Aufgaben – Zeitaufwand pro Aufgabe

Diese Wertepaare werden dann nach Größe sortiert, kumuliert und in die Klassen A, B und C eingeordnet. Ein Beispiel:

Funktion 1	Aufwand	100 Stunden	33,3 %
Funktion 2	Aufwand	80 Stunden	26,6 %
Funktion 3	Aufwand	50 Stunden	16,7 %
Funktion 4	Aufwand	20 Stunden	6,6 %
Funktion 5	Aufwand	20 Stunden	6,6 %
Funktion 6	Aufwand	10 Stunden	3,4 %
Funktion 7	Aufwand	10 Stunden	3,4 %
Funktion 8	Aufwand	5 Stunden	1,7 %
Funktion 9	Aufwand	5 Stunden	1,7 %
Gesamtaufwand		300 Stunden	100 %

Die ersten beiden Funktionen machen fast 60 % des Aufwands aus. Dies sind A-Funktionen.

Änderungs-/Claim-Übersicht 📥

Falls in einem Projekt viele Änderungen oder Claims anfallen, ist es ratsam, eine Änderungs-/Claim-Übersicht zu führen. Eine Änderung ist eine Erweiterung oder Kürzung eines Vertrages (bzw. eines Lasten-/Pflichtenhefts). Ein Claim ist ein Anspruch aus einem Vertrag. Dies können einerseits verschiedene Auslegungen eines Vertrages sein, andererseits können Claims auch

Reklamationen oder Mehraufwendungen sein, die der Projektleiter nicht zu vertreten hat. Ohne Übersicht über die Änderungen und Claims geht der Überblick schnell verloren und es fehlt ein Führungsinstrument, die verabschiedeten Änderungen und/oder Claims in die Tat umzusetzen.

Nr.	Datum	Änderung Claim	Veranlasser	Auswirkungen (Termine, Kosten, Qualität)	Freigabe am	Erledigt

Analyse der Störgrößen

Gibt es Schwierigkeiten in einem Projekt, müssen Maßnahmen zur deren Beseitigung gefunden werden. Dazu dient die Analyse der Störgrößen. Sie ist eine Problemanalyse mit Entscheidungsfindung. Zunächst wird untersucht, ob es sich um eine Abweichung, eine Änderung oder einen Claim handelt. Nehmen wir als Beispiel folgendes Projekt: Ein Hersteller von Ampeln soll für eine Kommune Ampeln herstellen und installieren:

- Eine Abweichung kann ohne Auftraggeber innerhalb des Projektes selbst gelöst werden. Eine Abweichung liegt z. B. vor, wenn Mitarbeiter ausfallen oder das Fundament für das Aufstellen von Ampeln brüchig ist.

- Eine Änderung ist eine Erweiterung oder Verringerung des Vertrages. Eine Änderung liegt z. B. vor, wenn für eine Kreuzung statt vier nur noch zwei Ampeln montiert werden sollen.

- Ein Claim kann entstehen, wenn die Firma, die Ampeln aufstellt, am verabredeten Tag auf die Baustelle kommt und feststellt, dass die Fundamente noch nicht fertig sind. Die Ampeln müssen wieder abtransportiert und gelagert werden. Diese Mehraufwendungen wird die Ampelfirma beim Besteller der Ampeln geltend machen.

Dann werden die Auswirkungen der Störung betrachtet, um zu sehen, ob und inwieweit Handlungsbedarf besteht. Nun werden Alternativen gesucht, die das Problem (die Störgröße) beseitigen können. Vor der Entscheidung wird geprüft, welche Auswirkung die jeweilige Maßnahme hat. Die Analyse der Störgröße führt die Beteiligten systematisch zu Entscheidungen, die Entscheidungsfindung ist gleichzeitig gut dokumentiert. Gerade in Projekt(status)besprechungen (siehe Tool auf S. 130) oder im Vorfeld solcher Besprechungen kann damit viel Zeit eingespart werden. Außerdem lassen sich Entscheidungen besser nachvollziehen und können im Sinn von Lessons Learned (siehe S. 191) gut ausgewertet werden.

Störgröße/ Problem	Abweichung/ Änderung oder Claim	Auswirkung ohne Korrektur	Mögliche Maßnahmen/Alternativen	Folgen der Maßnahmen (T, K, Q*)	Entscheidung/ Priorität und Begründung
Fundamente für Ampelmasten brüchig	Abweichung	Q: Ampeln nicht betriebssicher; technische Abnahme nicht möglich; Kunde verweigert Abnahme	a) Fundamente ausbessern	T: Arbeitspaket verzögert sich um 5 AT K: Regressleistung des Lieferanten Q: Risiko einer verringerten Lebensdauer des Fundamentes, aber technisch machbar	Nein terminlich und kostenmäßig gute Lösung, aber Qualitätsrisiko zu erwarten
			b) Fundamente erneuern	T: Arbeitspaket verzögert sich um 10 AT K: die Mehrkosten trägt der Lieferant Q: gute Qualität	Ja qualitätsmäßige gute Lösung

* T, K, Q: Termine, Kosten, Qualität

Beispiel für Lessons Learned

Arbeitspaket-Auftrag ⬚

Arbeitspaket-Aufträge stellen eine Beauftragung an eine Person, eine Organisationseinheit in einer Firma oder an einen externen Partner dar. Diese Beauftragungen sind zu spezifizieren, damit möglichst wenig schief läuft. Am besten geschieht dies, indem ein Arbeitspaket gleich bei der persönlichen Übergabe zwischen Projektleitung und Arbeitspaket-Verantwortlichem gemeinsam konkretisiert wird und die Ergebnisse im Protokoll festgehalten werden. Damit fließt das Know-how des Arbeitspaket-Verantwortlichen sofort ein, außerdem ist ein solches Vorgehen im Sinne des Vier-Augen-Prinzips eine gute Qualitätssicherung. Der Auftrag soll möglichst vollständig und so konkret sein, dass damit gearbeitet werden kann.

Arbeitspaket-Ergebnisse	Probebetrieb der getesteten und betriebsbereiten Ampel.					
	Testprotokoll erstellen, um nachzuweisen, dass die Ampel unter den üblichen Einsatzbedingungen über einen Zeitraum von mindestens100 zusammenhängenden Stunden gemäß den Spezifikationen fehlerfrei funktioniert.					
Vorbedingungen/ Voraussetzungen	Arbeitspaket „Funktionstest durchführen" erfolgreich abgeschlossen.					
	Test-/Diagnosesystem inklusive Aufzeichnungsgerät verfügbar.					
	Personelle Unterstützung durch Lieferant der Signaleinheit.					
Abnahmebedingungen der Ergebnisse	Fehlerfreier Dauerbetrieb über mindestens 16 zusammenhängende Stunden					
	Dokumentierter Nachweis, dass alle Spezifikationen erfüllt werden.					
	Dokumentierter Nachweis, dass im Probebetrieb keine Fehler aufgetreten sind.					
Dokumente und Unter lagen	Feinpflichtenheft					
	Testspezifikation					
Vorläufige Termine	SOLL-Start:	30.05.	SOLL-Ende:	30.06.	Dauer:	20 Tage
Personalkosten	Koordinationsarbeiten		Menge (EUR):		2 Std.	(300)
	Dokumentationsarbeiten		Menge (EUR):		8 Std.	(1.200)
	Probebetrieb		Menge (EUR):		16 Std.	(2.400)
Materialkosten	Test-/Diagnosesystem		Menge (EUR):			(2.000)
	Verbrauchsmaterial		Menge (EUR):			(800)
Fremdbezüge	Pers. Unterstützung Lieferant Signaleinheit		Menge (EUR):			(2.400)

Beispiel eines Arbeitspaket-Auftrags

Fertigstellungsgrad

Der Fertigstellungsgrad, auch Erfüllungsgrad genannt, ist ein wichtiger Indikator, um festzustellen, wie weit die Sachergebnisse der Arbeitspakete oder Meilensteine realisiert sind.

$$\text{Fertigstellungsgrad (IST)} = \frac{\text{tatsächliche Ergebnisse}}{\text{geplante Ergebnisse}} \times 100$$

Bei Sachergebnissen, die gemessen, gewogen oder abgezählt werden können, kann der Fertigungsgrad genau angegeben werden. Bei eher geistiger Arbeit, wie z. B. dem Design eines Software-Moduls, können meistens nur Bandbreiten des Realisierungsstandes angegeben werden. Dennoch helfen auch dort die Angaben, einen Plausibilisierungs-Check von Fertigstellungsgrad, Zeitverbrauch, Terminlage des Arbeitspaketes und Kosten durchzuführen.

Meilenstein-Freigabe

Neben der Projekt(status)besprechung gibt es die Meilenstein-Freigabe. Das ist eine Besprechung zwischen Auftragnehmer und -geber, um die Meilenstein-Ergebnisse, wie z. B. technische Zeichnungen, freizugeben. Bei größeren Projekten nehmen auch das Controlling und die Qualitätssicherung an der Meilenstein-Freigabe teil. Damit ist das Projekt an die Firmenorganisation (Linie) angedockt.

Ziel ist es, die Sachergebnisse zum entsprechenden Meilenstein inhaltlich und auch formal anzusehen. Die Meilensteinergebnisse, z. B. Zeichnungen, Spezifikationen oder ein Software-Code, werden im Vorfeld durch den Auftraggeber oder dessen Beauftragten inhaltlich und formal geprüft. Die Prüfung kann auch durch ein Review abgedeckt sein. Zur Meilenstein-Freigabe gibt dann der Beauftragte sein entsprechendes Statement ab. Je nach Situation wird der Meilenstein uneingeschränkt oder mit Auflagen freigegeben. Natürlich kann Ergebnis der Besprechung auch sein, dass ein Abschnitt wiederholt werden oder das Projekt abgebrochen werden muss.

Meilenstein-Ergebnisse	Fertig	Fehlerhaft	Offen	Wer?	Bis wann?
Technik					
Steuerung Tor funktioniert		X		Lentner	10.10.
Steuerung Ampel funktioniert		X		Lentner	10.10.
Steuerung Schrank funktioniert		X		Lentner	10.10.
Dokumentation vorgelegt	X				
Ergebnisse: [ ] Die Meilensteinergebnisse sind abgenommen. [X] Die Meilensteinergebnisse sind mit Auflagen abgenommen. [ ] Der Abschnitt ist zu wiederholen. [ ] Die Planung für die nächsten Abschnitt ist abgenommen					
Auflagen: Die Steuerungen sind einzeln zu testen und an das Labor zu liefern.					

Beispiel für Meilenstein-Freigabe

Meilenstein-Trendanalyse [●]

Dieses Instrument können Sie in dreifacher Weise nutzen:

■ Sie können die Plandaten der Meilensteine zum Berichtszeitpunkt X den Plandaten zum Berichtszeitpunkt Y gegenüberstellen. Auf diese Weise zeichnet sich der Blick in die Zukunft ab und Sie sehen z. B. durch steigende Kurven, dass das Projekt aus dem Ruder läuft.

■ Sie bekommen einen knappen Überblick über das gesamte Projekt.

■ Sie können bei der Abfrage der Meilenstein-Prognose die Aussagen der jeweiligen Verantwortlichen hinterfragen, in Zweifel ziehen oder mit anderen Aussagen in Beziehung setzen. So können Sie die Meilenstein-Trendanalyse als Kommunikationsinstrument nutzen. Dies macht sie so wertvoll, denn in der Projektverfolgung kommt es darauf an, rechtzeitig an die richtigen Informationen zu kommen.

Bei der Anwendung des Tools ist der erste Schritt, die Meilenstein-Trendanalyse einzurichten. An den Achsen wird der Kalender angebracht.

Dieser errechnet sich aus der Durchlaufzeit des Projektes mit Reservezeiten, falls es dennoch Terminverschiebungen gibt.

In den unten dargestellten Abbildungen hat ein Projekt 7 Monate Durchlauf. Ein halber Monat wird als Reserve dazugegeben, so dass der Kalender vom Mai bis November läuft. Im zweiten Schritt werden die Meilensteine nach ihren Terminen auf die Startlinie des Projektes (Anfang Mai) gesetzt. Die Aktualisierung der Meilenstein-Trendanalyse geschieht wie folgt: Am Berichtszeitpunkt 1 (unten im Bild: Ende Monat 5) werden die Plantermine pro Meilenstein abgefragt. Im Beispiel werden alle Termine bestätigt, d.h., die ursprünglichen Plantermine bleiben erhalten. In der Grafik werden die Meilensteine vom 1.5. zum 30.05. mit einer waagerechten Linie verbunden. Am Berichtszeitpunkt 2 zum Ende Monat 6 werden die Planwerte bestätigt. Bis zum Ende Monat 8 ergibt die Prognose, dass alle geplanten Meilenstein-Termine mit hoher Wahrscheinlichkeit erreicht werden.

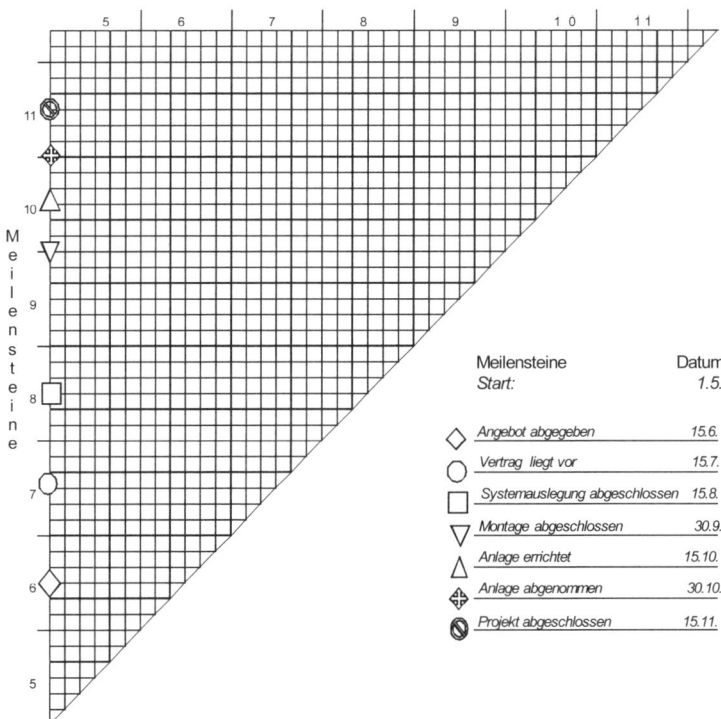

Meilensteine	Datum
Start:	*1.5.*
◇ Angebot abgegeben	15.6.
○ Vertrag liegt vor	15.7.
□ Systemauslegung abgeschlossen	15.8.
▽ Montage abgeschlossen	30.9.
△ Anlage errichtet	15.10.
⊕ Anlage abgenommen	30.10.
◒ Projekt abgeschlossen	15.11.

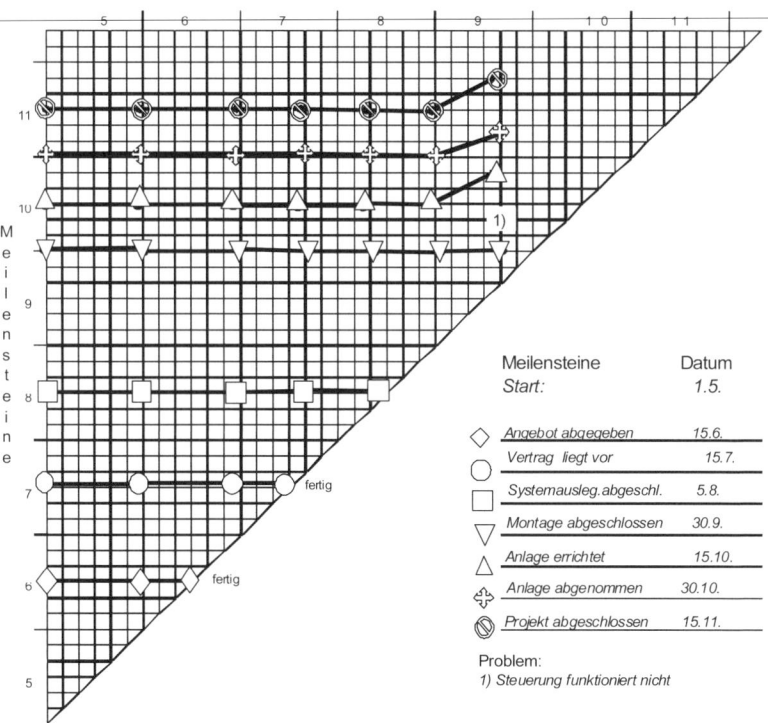

Meilensteine	Datum
Start:	*1.5.*

	Meilensteine	Datum
◇	Angebot abgegeben	15.6.
○	Vertrag liegt vor	15.7.
□	Systemausleg.abgeschl.	5.8.
▽	Montage abgeschlossen	30.9.
△	Anlage errichtet	15.10.
✤	Anlage abgenommen	30.10.
◎	Projekt abgeschlossen	15.11.

Problem:
1) Steuerung funktioniert nicht

Beispiele für eine Meilenstein-Trendanalyse

Eine Woche vor Ende Monat 9 kommt heraus, dass die Steuerung des Garagentores nicht funktioniert. Deshalb bekommen die letzten drei Meilensteine neue geplante Termine. Die Meilensteine werden sich zum Zeitpunkt der Betrachtung (eine Woche vor Ende Monat 9) um zwei Wochen verschieben.

Risikoanalyse

Ziel der Risikoanalyse ist herauszufinden, welche Risiken vorliegen und mit welchen Maßnahmen sie beseitigt oder zumindest reduziert werden können. Dazu werden erfahrene Projektleiter gefragt und abgelaufene Projekte angesehen. Die so gefundenen Risiken werden nach Tragweite und Eintrittswahrscheinlichkeit nach den Kategorien hoch – mittel – niedrig bewertet. Daraus wird eine Risikokennzahl errechnet:

Tragweite	x	Eintrittswahrscheinlichkeit	=	Risikokennzahl
2	x	3	=	6

Die Risiken mit den höchsten Risikokennzahlen werden weiter betrachtet. Welche Maßnahmen können zur Vermeidung des Risikos ergriffen werden? Die Maßnahmen werden entsprechend priorisiert. Diese sind dann im Terminplan und in der mitlaufenden Kalkulation einzuplanen. Es macht durchaus Sinn, die Risikoanalyse am Ende der Termin- und Kostenplanung durchzuführen anstatt zu warten bis die ersten Schwierigkeiten auftreten.

Risiken der Arbeitspakete	Auswirkung auf Termine, Kosten, Qualität	Trag-weite H/M/N	Wahr-schein-lichkeit H/M/N	Risiko-Kenn-zahl TxW	Mögl. Maßnahmen/ Alternativen	Entschei-dung/ Priorität/ Begrün-dung
Lieferzeiten für Signal und Steuereinheit verzögern sich.	Abnahme-Termin kann um 2-4 Wochen nicht eingehalten werden.	2	2	4	Enge Abstimmung mit den potenziellen Lieferanten.	Prio 1
					Einholung weiterer Angebote.	Prio 2
					Einbindung des potentiellen Lieferanten bei der Spezifikation vor allem SW.	Prio 1
Zusammenspiel der Signal-, Tief- und Straßenbaufirmen klappt nicht.	Mehrkosten durch Nacharbeiten, mögliche Terminverschiebungen und Qualitätseinbußen.	1	2	2		
Genehmigung der Pläne durch die Stadt kommt später.	Abnahmetermin gefährdet, mögliche Konventionalstrafe wird fällig.	2	3	6	Frühe und rechtzeitige Einbindung der Stadt.	Prio 1

Hoch = 3, Mittel = 2, Niedrig = 1 / T = Tragweite, W = Wahrscheinlichkeit

Beispiel einer Risikoanalyse für das Projekt „Ampeln"

Projekt(status)besprechung 〔✷〕

Die Teilnehmer – das Kernteam und der Projektleiter – betrachten hier das Projekt bzw. den entsprechenden Abschnitt eines Projektes mit den Arbeitspaketen und dem Meilenstein aus der Vogelperspektive.

Die Inhalte sind in der Regel:

- Es wird der Stand des Projektes in Richtung Termin, Kosten und Sachergebnisse (Qualität) festgestellt (Rückschau) und

- ermittelt, wie sich die Schwierigkeiten in der Zukunft darstellen (Vorschau).

- Der wesentliche Kern der Projekt(status)besprechung ist die Generierung von Maßnahmen über die Analyse der Störgrößen und deren Verabschiedung. Dazu werden die Instrumente „SOLL-/IST-Vergleich der Termine (Balkenplan)", „SOLL-/IST-Vergleich der Kosten („Mitlaufende Kalkulation")" und der „Fertigstellungsgrad der Sachergebnisse" genutzt.

- Für die Einschätzung der Zukunft wird die Meilenstein- wie auch die Kosten-Trendanalyse verwendet.

Im Vorfeld können der Terminplan und die Mitlaufende Kalkulation aktualisiert werden (SOLL-/IST-Vergleiche). Soweit die Störgrößen bekannt sind, können diese mit der Störgrößen-Analyse zur Entscheidung aufbereitet werden. Auch die Durchsicht der Liste offener Punkte vor der Besprechung ist ratsam und eventuell sind noch ausstehende Maßnahmen einzufordern.

Diese vorbereiteten Daten werden in der Projekt(status)besprechung präsentiert und dienen der Entscheidung, welche Maßnahmen ergriffen werden müssen. Dann kann anschließend mit der Meilenstein- und Kosten-Trendanalyse zum aktuellen Berichtszeitpunkt fortgefahren werden.

Je mehr im Vorfeld der Besprechung geklärt werden kann bzw. je mehr Daten aufbereitet werden können, desto kürzer kann die Projekt(status)besprechung sein. Eine Tagesordnung könnte wie folgt aussehen:

Zielsetzung: Stand des Projektes ermitteln und im Plan bleiben

TOP	Was?	Wer?	Dauer
1	Aktuelle Informationen, Status der Teammitglieder	alle	30 Min.
2	LOP: Erledigte und offene Aktivitäten, Präsentation der Ergebnisse	PL	15 Min.
3	Statusbericht des Projektes Fortschritt, Fertigstellungsgrad Termine, Kapazität Qualität Status Bearbeitung der Arbeitspakete	Kernteam-Mitglieder	15 Min.
4	Kostensituation, Kalkulation, Änderungen	PL	30 Min.
5	Nächste Schritte Projektplanung bis zum nächsten Meilenstein	Kernteam-Mitglieder	15 Min.
6	Abschluss	PL	15 Min.
Folgende Unterlagen werden benötigt:			
1. Arbeitspaketaufträge			
2. Terminplan; SOLL-/IST-Vergleich			
3. Mitkalkulation SOLL-/IST-Vergleich			
4. LOP der letzten Besprechung			
5. Kosten-/Meilenstein-Trendanalyse			
6. Analyse der Störgrößen			

Beispiel einer Agenda für eine Projekt(status)besprechung

SOLL-/IST-Vergleich Termine

Terminverfolgung pro Meilenstein und/oder Arbeitspaket ist ein wichtiger Bestandteil der Projektverfolgung. Dazu ist es erforderlich, den Terminplan nachzuhalten oder permanent zu pflegen und periodisch die IST-Werte der Anfangs- bzw. Endtermine pro Meilenstein und/oder Arbeitspaket einzutragen. Mit dieser Vorgehensweise weist dann der Balkenplan pro Arbeitspaket zwei Balken aus:

- den geplanten Terminplan und
- den IST-Balkenplan.

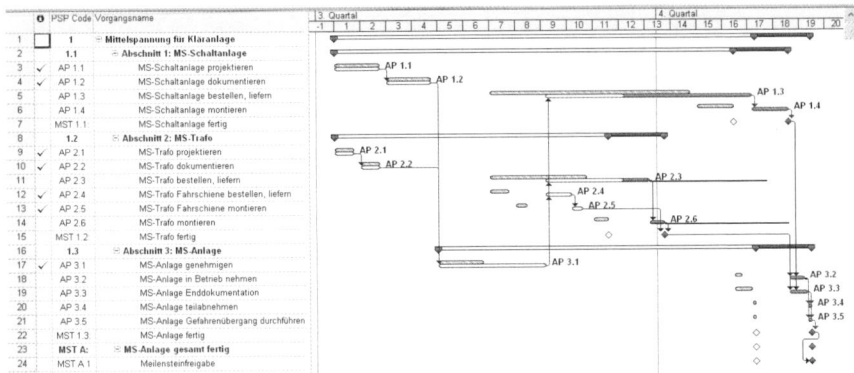

Beispiel eines SOLL-/IST-Vergleichs in MS Project

Das oben stehende Bild zeigt, dass alle Arbeitspakete (AP) bis KW 11 fertig sind. Da die Zeichnungen (Zeile 17) durch den Kunden erst 4 Wochen später freigegeben wurden, verschiebt sich der Endtermin um 14 Arbeitstage. Der Endtermin kann gehalten werden, wenn die Bestellzeiten (Zeile 5) um 4 Wochen gekürzt werden.

4 Kosten kontrollieren und steuern

Die genaueste Kostenplanung hilft wenig, wenn später nicht kontrolliert wird, ob die Kosten auch eingehalten werden. Dieser Teil des Controlling ist für den Projekterfolg unverzichtbar. Leider kommt es im Arbeitsalltag nur allzu oft vor, dass Projektleiter neben den vielen Sachaufgaben, die zu erledigen sind, diesen Teil ihres Jobs vernachlässigen. Die Folge: Das geplante Budget wird überschritten. Dieses Kapitel zeigt Ihnen, wie Sie

- die geplanten und verabschiedeten SOLL-Kosten den IST-Kosten gegenüberstellen und wie Sie diesen SOLL-/IST-Vergleich, auch Mitlaufende Kalkulation genannt, dazu nutzen, die Ursachen der Kostenüberschreitung bzw. -unterschreitung herauszufinden,

- vorgehen müssen, um eine Kostenüberschreitung für die zukünftigen Arbeitspakete rechtzeitig zu erfahren, und wie Sie ermitteln, welche Kostenerhöhungen noch zu erwarten sind,

- mit Kosteneinsparungsmaßnahmen, der Verlangsamung des Projekts durch Kapazitätsabsenkung oder gar mit dem Eingriff in den Liefer- und Leistungsumfang in Abstimmung mit dem Auftraggeber die Kostenüberschreitungen wieder zurückfahren können.

Ohne laufende Kalkulation geht gar nichts

In einer historisch geprägten Altstadt sollten Wohnungen saniert und für neue Käuferschichten hergerichtet werden. Der Bauherr hatte mit der Projektleitung ein Architekturbüro beauftragt. Nach der Bestandsaufnahme über den Umfang der Sanierung waren die Leistungsverzeichnisse für die einzelnen Gewerke (d.h. die notwendigen Arbeiten jeweils auf ein Handwerk bezogen) aufgestellt und ausgeschrieben worden. Nach Durchsicht der Angebote stand das Architektenbüro in Absprache mit dem Bauherrn kurz davor, einzelne Unternehmen mit der jeweiligen Sanierung zu beauftragen. Die geplanten Kosten beliefen sich für fünf Wohnungen mit je 100 m² netto auf 200.000 Euro. Neben dieser detaillierten Kalkulation existierte ein Terminplan, der auf der Projektstruktur mit Arbeitspaketen basierte. Der Auftrag sah vor, dass das Architekturbüro die Kosten verfolgen sollte. Die zwei Inhaber des Architekturbüros hatten sich gerade selbstständig gemacht. Keiner der beiden Existenzgründer hatte sich bisher mit Controlling befasst. Sie beauftragten mich mit der Erstellung eines leicht zu praktizierenden und schnell einzuführenden Controlling-Systems, da bis zur Ausführung des Auftrags nur noch wenig Zeit verblieb.

Wege zur Lösung

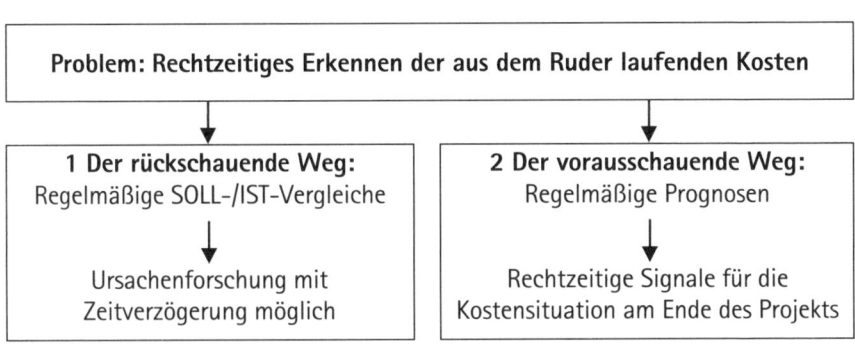

Problem: Rechtzeitiges Erkennen der aus dem Ruder laufenden Kosten

1 Der rückschauende Weg: Regelmäßige SOLL-/IST-Vergleiche	2 Der vorausschauende Weg: Regelmäßige Prognosen
Ursachenforschung mit Zeitverzögerung möglich	Rechtzeitige Signale für die Kostensituation am Ende des Projekts

1 Der rückschauende Weg: Regelmäßige SOLL-/IST-Vergleiche

Beim SOLL-/IST-Vergleich werden die Kosten aus den Angeboten auf die Zeitachse verteilt. Für jeden Monat ist eine SOLL-Größe für die verschiedenen beauftragten Unternehmen mit der jeweiligen Kostenart eingerichtet. Alle IST-Kosten werden pro Monat den jeweiligen SOLL-Kosten zugeordnet, so dass ein SOLL-/IST-Vergleich der Kosten möglich ist (Mitlaufende Kalkulation). Die Bestellungen werden als Obligo berücksichtigt und gehen in die Betrachtung nach der Bezahlung der jeweiligen Rechnung als IST-Kosten ein. Auf diese Weise ist pro Monat ersichtlich, wo die Kosten überzogen sind bzw. wo noch Reserven vorhanden sind. So kann pro Kostenart und pro Gewerk gezielt gesehen werden, wo es Probleme gibt. Die Ursachenforschung findet dann heraus, was passiert ist und weshalb die Kosten über- bzw. unterschritten sind. Die Ursachen können vielfältig sein. Die Preise können steigen, weil bestimmte Materialien knapp auf dem Markt sind. Es können Überraschungen bei der Altbausanierung auftreten. So können sich z. B. auf der Wand mehrere Schichten Tapete angesammelt haben oder Fresken von besonderem historischen Wert ans Tageslicht treten. Wände müssen gegebenenfalls abgesichert werden oder plötzlich stellt sich heraus, dass der Fußboden mit Betonelementen stabilisiert werden muss.

VORSICHT BOMBE!

In der Regel greift die Projektleitung auf ein betriebliches Erfassungssystem zu, in dem die IST-Kosten meist erst zwei bis acht Wochen nach ihrem Entstehen vorliegen. Mit diesen Zahlen ist nur schwer ein zeitnaher, realistischer SOLL-/ IST-Vergleich zu erstellen.

So entschärfen Sie die Bombe
1 Um die zeitliche Verzögerung zu überbrücken, können Sie die erwarteten IST-Kosten schätzen.
2 Sie können sich vom zentralen Erfassungssystem abkoppeln, wenn sie selbst die geplanten und realisierten Kosten in einem Kalkulationsprogramm erfassen. Dann müssen alle Bestellungen und Rechnungen über Ihren Schreibtisch laufen. Dies ist sicherlich aufwändig, aber zeitnah.

 **PRO**

Termine: Wer die Ursachen der Kostenüberschreibung kennt, hat oft auch Anhaltspunkte für die Terminüberschreitung. Deshalb ist eine rechtzeitige und gezielte Ursachenforschung ein wichtiger Beitrag zum Einhalten der Termine.

Kosten: Der regelmäßige und aktuelle SOLL-/IST-Vergleich ist für die Kostenkontrolle unumgänglich.

Qualität: Überraschende Kostenüberschreitungen führen oft zu Ad-hoc-Maßnahmen, die die Qualität der Sachergebnisse verschlechtern. Deshalb ist die regelmäßige Aktualisierung der Auftragskalkulation ein wesentlicher Beitrag zur Qualität.

Karriere: Wenn Sie mit der Kontrolle sogar eine Kostenunterschreitung bei bleibender oder gesteigerter Qualität erreichen, empfiehlt Sie das für noch interessantere Projekte.

 CONTRA

Kosten: Durch die zeitliche Verzögerung ist die Kostenbeherrschung nicht 100-prozentig gesichert.

Qualität: Vor allem, wenn der Projektleiter die Kosten selbst erfasst, kann dies zu übertriebener Genauigkeit verführen. Dies kann ihm den Blick auf das Wesentliche verstellen: die Qualität der Sachergebnisse.

Karriere: Termin- und Kostentreue bei qualitativ hochwertigen Sachergebnissen ist gut für die Karriere, aber nur, wenn Aufwand und Nutzen in einem günstigen Verhältnis stehen. Es kommt nicht auf bürokratische SOLL-/IST-Vergleiche an, sondern auf die konkreten Maßnahmen zur Beseitigung von Kostenabweichungen.

Fazit: Wann dieser Weg Erfolg verspricht

Projektrückschau muss auf der Kostenseite immer gehalten werden. Gerade wenn eigenes Personal eingesetzt wird, ist es wichtig, die geschätzten Stunden pro Arbeitspaket den tatsächlichen Stunden pro Woche oder pro Monat gegenüber zu stellen. Software-Projekte zeigen, dass schnell mehr Stunden investiert werden als geplant. Auch bei Projekten, die viele Arbeitspakete über Lieferanten und Subunternehmer abdecken, ist eine solide Kostenverfolgung ein Schlüssel zum Erfolg. Natürlich hängen die Notwendigkeit und Intensität einer konsequenten Kostenbetrachtung von der Größe der Investitionssumme ab. Je größer die Summe, desto höher das Risiko der Kostenüberschreitung und des Scheiterns.

2 Der vorausschauende Weg: Regelmäßige Prognosen

Zum jeweiligen Berichtszeitpunkt, d. h. dem Zeitpunkt, an dem die Prognose erstellt wird, wird nicht nur zurückgeschaut und die Kostenabweichung ermittelt, sondern es wird darüber hinaus errechnet, wie sich die Kostensituation zum jeweiligen Berichtszeitpunkt, bezogen auf das Projektende, darstellt. Um die Kostenprognose zu bewerkstelligen, ist zuerst das so genannte Voraussichtliche IST zu ermitteln. Die geplanten Kosten werden dazu wie bei der Kostenrückschau auf Wochen und Monate als SOLL-Kosten pro Subunternehmen und Kostenart verteilt. Bis zum Berichtszeitpunkt werden die IST-Kosten wöchentlich und monatlich zugeordnet. Nun werden die tatsächlichen IST-Kosten bis zum Berichtszeitpunkt summiert und vom Berichtszeitpunkt bis zum Ende des Projekts die SOLL-Kosten den IST-Kosten hinzugefügt. Diese Vorausschau ist mit der „Sonntagsfrage" vergleichbar. „Wenn heute gewählt werden würde, wie würde sich der Bundestag zu Beginn der nächsten Legislaturperiode zusammensetzen?" Der dadurch entstandene Wert sagt aus, wie sich die Kostensituation darstellte, wenn das Projekt zum Berichtszeitpunkt fertig wäre. Dieser Blick in die Zukunft ist sehr hilfreich. Einerseits kann damit schon sehr früh erkannt werden, wohin die Reise geht, andererseits hat die Projektleitung mit dem Voraussichtlichen IST und der grafischen Darstellung der Kosten-Trendanalyse (siehe Tool auf S. 156) das Projektende kostenseitig fest im Blickfeld.

Zurückschau mit SOLL-/IST-Vergleich und Vorausschau mit der Kosten-Trendanalyse und dem Voraussichtlichen IST sind die Basis einer integrierten Projektverfolgung. Integrierte Projektverfolgung bedeutet, dass hier die Rückschau und die Vorschau auf die Kosten zusammenwirken, um rechtzeitig die auftretenden Probleme in den Griff zu bekommen. Zusätzlich kann die Meilenstein-Trendanalyse für den terminlichen Blick in die Zukunft verwendet werden.

VORSICHT BOMBE!

Die SOLL-Daten von Berichtszeitpunkt bis Projektende müssen konsequent neben den IST-Daten gepflegt werden, damit sie vollständig sind. Das ist aufwändig.

So entschärfen Sie die Bombe

1 Gewöhnen Sie sich an, bei den verschiedenen Ereignissen immer zu fragen, welche Auswirkungen das Projektergebnis auf die zukünftigen SOLL-Daten hat. Setzen Sie sich pro Woche einen Termin, um die SOLL-Daten zu pflegen.

2 Berufen Sie eine Person im Projekt, die die Datenpflege übernimmt und damit die Kosten-Trendanalyse liefert. Dies kann das Controlling aus der Firma übernehmen oder ein Mitglied aus dem Kernteam.

3 Um die Vollständigkeit der SOLL-Daten zu sichern, müssen alle Bestellungen und alle Verträge von Lieferanten oder Sublieferanten über Ihren Schreibtisch laufen. Außerdem müssen die Arbeitspaketverantwortlichen regelmäßig eine Aussage treffen, ob sie mit den verbleibenden Stunden vom Berichtszeitpunkt bis zum Ende des Projekts hinkommen. Es ist wichtig, dass Planänderungen frühzeitig angemeldet und genehmigt werden.

PRO

Termine: Mit diesem letzten Baustein der integrierten Projektverfolgung ist die Chance groß, frühzeitig terminliche Schieflagen des Projekts zu korrigieren.

Kosten: Das Voraussichtliche IST und die Kosten-Trendanalyse sind vorzügliche Instrumente, die Kostenentwicklung rechtzeitig vorherzusehen. Der Aussage „Das konnten wir nicht vorhersehen" ist damit der Boden entzogen.

Qualität: Die Kostenverfolgung trägt zur Qualitätssicherung bei. Damit hat die Projektleitung die Möglichkeit, in Ruhe geeignete Gegenmaßnahmen auszuwählen und einzuleiten.

Karriere: Die Prognosetechniken sind ein wichtiger Beitrag zur Versachlichung der Situation. Für die Karriere ist es nicht schlecht, wenn Zahlen, Daten und Fakten das Zepter schwingen und Schuldzuweisungen an Teammitglieder und Lieferanten ausbleiben.

Termine: Zwar wird eine Kostenüberschreitung frühzeitig angezeigt, aber die Beteiligten müssen sich klar machen, dass es sich hierbei um Prognosen handelt. Optimisten werden eine günstige Prognose abgeben, Pessimisten eine zu hohe. Möglicherweise werden durch die Prognosetechniken zu früh schlafende Hunde geweckt und das Projekt verliert sich dann in Hektik. Dies ist für die Termineinhaltung nicht förderlich.

Kosten: Wenn das Projektteam zu früh in Aktionismus verfällt, entstehen zusätzliche Kosten. Auch für die regelmäßige Pflege der Daten fallen Kosten an, insbesondere, wenn der Projektleiter die Daten wie in einer Parallelwelt selbst pflegt.

Qualität: Gefährlich kann es werden, wenn die abgegebene Einschätzung für bare Münze genommen wird und als Folge davon unter Stress gearbeitet wird.

Fazit: Wann dieser Weg Erfolg verspricht

Eine Kosten-Trendanalyse ist erforderlich, wenn hohe Investitionssummen im Spiel sind. Sie kann dann verhindern, dass die Beteiligten den Überblick verlieren. Bei Vorhaben mit hohen Risiken wie Vertragsstrafen, Währung, Preisentwicklung, neuen technischen Wegen oder bei Projekten, deren Kalkulation auf wenig Erfahrungswerten basieren, ist es zu jedem Berichtszeitpunkt lebensnotwendig, zu erfahren, wie sich die Kosten entwickeln und wie sie sich am Ende des Projekts darstellen werden.

Mein Weg: Mit Sicherheitspolster – so bin ich vorgegangen

Den Architekten empfahl ich als Berater, vor Beauftragung der einzelnen Gewerke, eine Reserve von 10 % der Gesamtkosten einzubauen. Bei einem Etat von 100 % sind also nur 90 % beauftragt worden. 10 % wurden als Reserve für Kostenüberschreitungen zurückgelegt. Wie konnte dies bewerkstelligt werden? Zum einen gab es Verhandlungen, um die Angebote preislich in die gewünschte Richtung zu bringen. Zum anderen wurde ein wöchentlicher SOLL-/IST-Vergleich durch das Architekturbüro eingerichtet. Jeden zweiten Montag gab es einen Jour fixe vor Ort mit dem Bauherrn, dem

Architekten und den entsprechenden Nachunternehmern, den ich als Berater vorbereitete und moderierte. Es galt die Ursachen für Abweichungen, insbesondere für Kostenabweichungen, zu finden und abzustellen. Die geplanten Kosten und die IST-Kosten sind mit einer geeigneten Software erfasst worden, die auch das Voraussichtliche IST ermöglichte. Die Kosten-Trendanalyse zeigte deshalb frühzeitig, wo bei den Kosten der Schuh drücken würde.

Am Ende des Projekts lagen die Kosten dennoch um 40 % höher. 30 % mussten noch nachträglich finanziert werden. Hatte die Methode versagt? Nein. Jedoch hatte die zurückgelegte Reserve von 10 % für die Altbausanierung und -renovierung nicht gereicht. Für Neubauten wäre ein solches Sicherheitspolster ausreichend gewesen, aber für Altbausanierungen (je nach Grad der Sanierung) mit vielen nicht vorhersehbaren Überraschungen, müssen wohl eher 50 % Reserve berücksichtigt werden.

 KLARTEXT: LAUFENDE KALKULATION MUSS SEIN

1 Praktizieren Sie konsequent den SOLL-/IST-Vergleich der Kosten mit sachlicher Ursachenforschung sowie die Prognosetechnik mit Voraussichtlichem IST und Kosten-Trendanalyse.

2 Planen Sie Reserven ein und rechnen Sie mit Überziehung des Budgets bei riskanten Projekten.

3 Vergeben Sie die Aufträge an Lieferanten und Zulieferer pro Meilenstein. Falls es zu Kostenüberschreitungen kommt, haben Sie die Chance, mit Verhandlungen zu Ihren Gunsten eingreifen zu können.

4 Schauen Sie sich die Kostensituation wöchentlich an und pflegen Sie Ihre Kosten-Trendanalyse. So haben Sie die Kosten fest im Griff.

Die Kosten laufen aus dem Ruder – was tun?

DAS SZENARIO

In einem kleinen Ingenieurbüro mit zehn Mitarbeitern und zwei Geschäftsführern war die DV in die Jahre gekommen. Alle Arbeitsplätze sollten deshalb auf neueste Software-Versionen umgestellt, die PC-Peripherie wie Bildschirme, Drucker usw. komplett neu eingerichtet und die Kopierer als Scanner an die DV angeschlossen werden. Die Umstellung war für die Zeit zwischen Weihnachten und 6. Januar geplant, um möglichst wenig produktive Arbeitszeit zu verwenden. Der IT-Spezialist des Unternehmens hatte entsprechende Anfragen gestartet und die Angebote ausgewertet. Die Geschäftsführung beauftragte eine IT-Firma, die Hard- und Software günstig angeboten hatte. Die Umstellung sollte ein IT-Dienstleister organisieren und umsetzen. Dieser war es auch, der dem Unternehmen bald große Sorgen bereitete. Die von ihm in Aussicht gestellten 100 Stunden für die Umstellung waren bald überschritten und die Fertigstellung zum Jahreswechsel war nicht einzuhalten. Was sollte das Unternehmen tun?

Wege zur Lösung

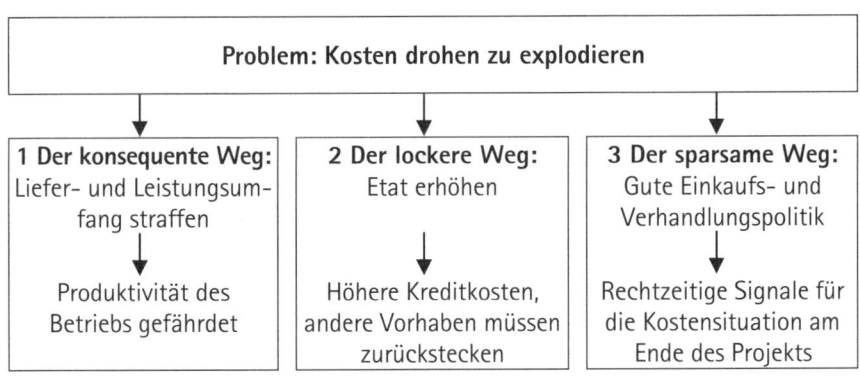

4

Problem: Kosten drohen zu explodieren		
1 Der konsequente Weg: Liefer- und Leistungsumfang straffen	**2 Der lockere Weg:** Etat erhöhen	**3 Der sparsame Weg:** Gute Einkaufs- und Verhandlungspolitik
Produktivität des Betriebs gefährdet	Höhere Kreditkosten, andere Vorhaben müssen zurückstecken	Rechtzeitige Signale für die Kostensituation am Ende des Projekts

1 Der konsequente Weg: Liefer- und Leistungsumfang straffen

Für einen bestimmten Liefer- und Leistungsumfang ist ein Budget bereitgestellt worden. Oberstes Ziel des konsequenten Weges ist es, das Budget einzuhalten und damit die Finanzierung nicht zu gefährden. Deshalb veranlasst der Projektleiter den Stopp des Vorhabens, um eine weitere Kostenüberschreitung zu verhindern. Er überlegt, mit welchen Unternehmen welche Teile des Liefer- und Leistungsumfangs für das verbleibende Budget zu realisieren sind. Mit Hilfe der ABC-Analyse (siehe Tool auf S. 121) wird geklärt, welche Hardware- und Software-Teile auf jeden Fall benötigt werden, um das neue System zum Laufen zu bringen (A-Sachergebnisse). Dann wird überlegt, wo mit älteren Softwareversionen anstelle der neuesten gearbeitet werden kann (B-Sachergebnisse). Dies gilt z. B. auch für Bildschirme oder anderes Equipment. Die Glaubwürdigkeit der Projektleitung wird durch dieses konsequente Handeln unterstrichen.

 VORSICHT BOMBE!

Aus geschlossenen Verträgen wieder herauszukommen, erweist sich als sehr schwierig.

So entschärfen Sie die Bombe

1 Verträge nur über Teilumfänge abschließen.

2 In Verträge Schadensbegrenzungsklauseln aufnehmen, z. B. dass bei Kostenüberschreitung von 10 % ein Ausstieg aus dem Vertrag möglich ist.

3 Kostenüberschreitung im Vertrag so anlegen, dass der Lieferant 50 % selbst bezahlen muss. Bei Kostenunterschreitung bekommt der Lieferant 50 % der Einsparung.

4 Festpreisverträge abschließen. Dies setzt einen detaillierten Liefer- und Leistungsumfang voraus, um später Nachträge zu verhindern.

Termine: Weniger Anforderungen = weniger Zeitaufwand. Das Projekt wird eventuell früher fertig.

Kosten: Die Kosten werden mit einem reduzierten Liefer- und Leistungsumfang eingehalten. Es entstehen keine zusätzlichen Kreditkosten.

Karriere: Kostenbewusstsein ist sicherlich eine wichtige Eigenschaft eines erfolgreichen Projektleiters.

Karriere: Sie haben zwar konsequent gehandelt und das Budget eingehalten. Andererseits ist das Projekt nicht wie geplant abgeschlossen. Ob dies eine Empfehlung für weitere Vorhaben ist, bleibt abzuwarten.

Fazit: Wann dieser Weg Erfolg verspricht

Dieser Weg ist zu empfehlen, wenn durch die Kostenüberschreitung ein Bereich oder gar das Unternehmen selbst gefährdet ist. Er wird auch zu gehen sein, wenn die Geschäftsführung kein weiteres Geld mehr für das Vorhaben zur Verfügung stellt und deshalb ein geordneter Rückzug angesagt ist. Er ist leichter begehbar, wenn die Arbeits-, Termin- und Kostenplanung in Etappen mit entsprechenden Meilensteinen aufgebaut sind und die Verträge meilensteinbezogen abgeschlossen werden. Ausgeschlossen ist der Weg, wenn durch die Reduzierung der Anforderungen Betriebsabläufe gestört würden, die Produktivität gefährdet wäre – wie im vorgestellten Szenario – oder nach dem Vorhaben unzufriedene Kunden zurückgelassen werden.

2 Der lockere Weg: Etat erhöhen

Wenn sich die Kosten erhöhen, dann ist es auch möglich, als Projektleiter bei der Unternehmensleitung eine Steigerung des Etats zu beantragen. Oft ist in Unternehmen zu beobachten, dass einer Budgeterhöhung auf Grund von „Sachzwängen" zugestimmt wird. Die möglichen Konsequenzen aus diesem Weg: Die Kreditkosten steigen, die ursprüngliche Wirtschaftlichkeitsbetrachtung gerät ins Wanken oder andere Vorhaben müssen gestoppt werden.

VORSICHT BOMBE!

Wenn die Beteiligten merken – im vorgestellten Szenario wäre das der IT-Dienstleister –, dass Vereinbarungen (Etateinhaltung) plötzlich aufgeweicht werden, führt das dazu, dass die Vorgaben bei weiterer Vorhaben gar nicht mehr ernst genommen werden.

So entschärfen Sie die Bombe

1 Der Projektleiter muss zu Beginn des Projekts klar machen, was verhandelbar ist und wo die Grenzen liegen. Die Beteiligten am Projekt brauchen Orientierung.

2 Fahren Sie hartes Controlling, d.h., führen Sie konsequent SOLL-/IST-Vergleiche durch und errechnen Sie Kostenprognosen mit der Kosten-Trendanalyse.

3 Beantragen Sie zu Beginn des Projekts ein um 10 % höheres Budget, und veranschlagen dann nur 90 % für das laufende Projekt. So federn Sie Kostenerhöhungen ab. Damit existiert eine Reserve von 20 % des Gesamtvolumens.

4 Sprechen Sie regelmäßig mit Lieferanten und wirken Sie rechtzeitig auf die Einhaltung von Aufwand und Kosten hin.

 PRO

Termine: Der Liefer- und Leistungsumfang kann in der vorgesehenen Zeitspanne realisiert werden.

Qualität: Wer genug Geld zur Verfügung hat, kann die Qualitätsansprüche halten.

 CONTRA

Kosten: Die Finanzierungskosten steigen, der Gewinn schmälert sich oder andere Vorhaben müssen eventuell verschoben werden.

Karriere: Mangelndes Kostenbewusstsein und Misswirtschaft sind gelbe oder gar rote Karten für den Weg nach oben.

Fazit: Wann dieser Weg Erfolg verspricht

Der Etaterhöhung und der damit verbundenen Kostenerhöhung muss ein späterer Nutzen gegenüberstehen. Dies kann geschehen, wenn durch Investitionen wie z. B. in eine gute IT, Betriebsabläufe entscheidend gestrafft und vereinfacht werden und sich damit wiederum kostensparend auswirken. Bei Produktprojekten kann es notwendig sein, mit ausgereifter und damit teurerer Technik auf den Markt zu gehen. Rückrufaktionen sind meistens kostspieliger als die momentane Budgeterhöhung im Projekt. Bei Anlagenprojekten gefährdet die Budgeterhöhung einerseits die Wirtschaftlichkeit der Investition, andererseits wird der Gewinn des Unternehmens geschmälert.

3 Der sparsame Weg: Konsequente Einkaufs- und Verhandlungspolitik

Bei der Schieflage des Projektes sind kurzfristige Erfolge notwendig. Kostenüberschreitungen erfordern Maßnahmen, die Kosten einsparen. Das kann durch eine konsequente Einkaufspolitik geschehen. Es gilt, den Markt abzusuchen und sich wieder Angebote einzuholen, Preislisten zu studieren und nach Synergien im Einkauf umzusehen. Die Einkaufspolitik zielt auf günstiges Personal, preiswerte Lieferanten, erschwingliche Materialien und Werkzeuge. Im obigen Fall kann ein neuer IT-Dienstleister gesucht werden, der den Rest der Arbeiten im überschaubaren Zeitraum erledigt. Dies geht aber nur, wenn dem bisherigen IT-Dienstleister ein Termin gesetzt wird, seine Leistungen im vertraglichen Kostenrahmen abzuschließen. Steigt der IT-Dienstleister aus, ist der Weg frei für einen Ersatz. Eventuell können gegenüber dem bisherigen IT-Dienstleister Schadensansprüche geltend gemacht werden.

 **VORSICHT BOMBE!**

Sich immer wieder am Markt umzusehen und Angebote bei anderen Firmen einzuholen, erfordert einen erheblichen Koordinierungs- und Kommunikationsaufwand.

So entschärfen Sie die Bombe

1 Schließen Sie Rahmenverträge und vergeben dann Aufträge einzeln.
2 Planen Sie die Arbeitspakete detailliert und entscheiden Sie zu jedem Meilenstein, wer welche Aufträge in welchen Umfängen bekommt.
3 Motivieren Sie die Lieferanten, beim Sparen mitzuhelfen. Die Einsparungen teilen Sie fair zwischen Lieferant und Auftraggeber auf.

PRO

Kosten: Trotz Koordinierungsaufwand und vielen Umplanungen können die Kosten-ziele gehalten werden.

CONTRA

Termine: Die stete Einkaufspolitik bringt viele Modifikationen und Änderungen mit sich. Termine werden geschoben und gefährden den Endtermin.

Qualität: Zu viel Wechsel erhöht die Einfindungsphase der Lieferanten und Dienst-leister und kann Qualitätsprobleme mit sich bringen. Nur langfristige Zusammenar-beit bringt den erwünschten Qualitätsstandard.

Karriere: Die konsequente Einkaufspolitik kann Ihnen das Image eines Geizhalses einbringen. Lieferanten werden nicht gut auf Sie zu sprechen sein, wenn sie unter Druck gesetzt werden, ihre Preise zu senken.

Fazit: Wann dieser Weg Erfolg verspricht

Projekte mit hohem Lieferanten- und hohem Sachkostenanteil sind beson-ders gut geeignet, durch eine gezielte und permanente Einkaufspolitik Kosten einzudämmen. Allerdings ist es schwer, aus der Situation heraus – wie in unserem Szenario – noch nachhaltige Kostenerfolge zu erzielen. Es muss dann meistens hingenommen werden, dass die Termine nach hinten rut-schen. Deshalb sollte die Projektplanung schon so angelegt sein, dass zu jedem Meilenstein die Karten neu gemischt werden können.

Mein Weg: Verhandeln – so bin ich vorgegangen

Nachdem bei dem IT-Projekt im Ingenieurbüro deutlich wurde, dass der Aufwand für den IT-Dienstleister höher wird als vertraglich vereinbart, habe ich als Projektunterstützer gemeinsam mit dem Projektleiter bei der Ge-schäftsführung einen Jour fixe einberufen, um eine Entscheidung über das weitere Vorgehen herbeizuführen. Im Vorfeld haben der Projektleiter, der IT-Dienstleister und ich die Situation genau analysiert und Vorschläge erarbei-tet, wie die Aufwandsexplosion gestoppt werden kann. Die Lösung war ein klassischer Kompromiss. Die eine Hälfte des Aufwandes übernahm der IT-Dienstleister kostenfrei, weil er einsah, dass er die Situation mit verursacht hatte. Die andere Hälfte trug das Ingenieurbüro. Diesem Kompromiss hat die Geschäftsführung zugestimmt. Hier bedeutete Einkaufspolitik, beim IT-Dienstleister entsprechend nachzuverhandeln.

KLARTEXT: KOSTEN IM GRIFF BEHALTEN

1 Betrachten Sie die Kostensituation regelmäßig. Steuern Sie Abweichungen rechtzeitig durch geänderte Einkaufspolitik gegen.

2 Achten Sie darauf, dass Kosteneinsparungen nicht zu Lasten von Terminen und Qualität gehen.

3 Überlegen Sie sich genau, wann nur noch eine Etaterhöhung hilft. Sie sollte als Joker nicht allzu oft gezogen werden.

4 Beugen Sie bereits vor Beginn des Projekts Kostenüberschreitungen vor:

   a. Schließen Sie Verträge so ab, dass bei Kostenerhöhung Konventionalstrafen anfallen und eine Ausstiegsklausel zum Tragen kommt. Schließen Sie, wenn möglich, einen Festpreis-Vertrag ab. Bei Mehraufwand fallen die Kosten zunächst zu Lasten des Zulieferers an. Allerdings ist diese Vertragsform bei Dienstleistungen schwer durchsetzbar.

   b. Bauen Sie den Terminplan mit Meilensteinen auf, um dann anhand der Meilensteine zu entscheiden, wie es weiter geht.

   c. Machen Sie den Beteiligten von Anfang an deutlich, wo die Grenzen der Verhandelbarkeit liegen.

4

Bestellungen und Lieferanten – eine Black Box?

In einer Molkerei wurde ein Teil des Herstellungsprozesses einer Käsesorte bisher manuell durchgeführt und war dadurch mit hohen Lohnkosten verbunden. Durch den starken Konkurrenzkampf auf dem Käsesortenmarkt konnten Preiserhöhungen nicht durchgesetzt werden. Deshalb beschloss die Molkerei, diesen Teil des Herstellungsprozesses vollautomatisch zu lösen. Dazu wurde in der Molkerei ein Projekt eröffnet, eine entsprechende Anlage zu beschaffen und die notwendigen baulichen Maßnahmen abzuwickeln. Der Leiter der technischen Planung übernahm das Projekt. Die technische Planung hatte bisher nur kleine Reparaturarbeiten erledigen lassen und verfügte über Erfahrungen, Lieferanten für kleine Anlagenteile wie Elektromotoren oder Entlüftungs-Anlagen auszuwählen und mit diesen die Aufträge abzuwickeln. Wie konnte die Molkerei aber nun dieses große Vorhaben stemmen?

Wege zur Lösung

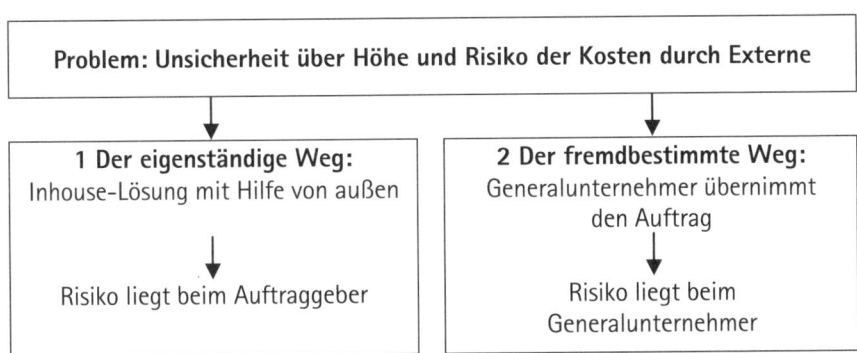

Problem: Unsicherheit über Höhe und Risiko der Kosten durch Externe

1 Der eigenständige Weg: Inhouse-Lösung mit Hilfe von außen	2 Der fremdbestimmte Weg: Generalunternehmer übernimmt den Auftrag
Risiko liegt beim Auftraggeber	Risiko liegt beim Generalunternehmer

1 Der eigenständige Weg: Inhouse-Lösung mit Hilfe von außen

Da die Automatisierung der Fertigungsstraße für die Käsesorte etwas komplexer ist und wenig Erfahrung beim Leiter der technischen Planung vorliegt, wird ein Ingenieurbüro als Beratung gesucht, dass einerseits fachlich fit ist und andererseits mit Hilfe von Projektmanagement solche Vorhaben abwickeln kann. Über den Verband der Molkereien erhält der Leiter der technischen Planung einen Tipp zu einem geeigneten Ingenieurbüro. Nach Besprechung des Auftrages und Abgabe des Angebotes wird das Büro beauftragt, das Projekt beratend fachlich zu unterstützen und organisatorisch zu leiten. Die Verantwortung des Vorhabens bleibt jedoch bei der Molkerei. Der erste Schritt des Ingenieurbüros ist es, ein detailliertes Lasten- und Pflichtenheft zu erstellen und mit dem Leiter der technischen Planung und dem Werksleiter abzustimmen. Daraus werden dann die Anfragen an die diversen Lieferanten aus dem Bereich Anlagentechnik, Haustechnik, Elektrik und Gebäude abgeleitet. Ziel ist es, Verträge mit Festpreisen pro Lieferant zu erzielen.

VORSICHT BOMBE!

Lieferanten versuchen oft, durch einen niedrigen Preis den Auftrag zu bekommen und über Änderungsaufträge später Gewinn zu machen.

So entschärfen Sie die Bombe
1   Holen Sie mehrere Angebote ein und prüfen Sie, ob die Anbieter die detaillierte Leistungsbeschreibung zur Kostenberechnung berücksichtigt haben.
2   Sehen Sie im Vertrag vor, dass 10 % des Auftragsvolumens für Änderungen schon abgegolten sind.
3   Bitten Sie den Lieferanten, dass er seine Kalkulation inklusive Gewinnquote offen legt.
4   Lassen Sie sich vom Lieferanten einen Projektstruktur- und Terminplan geben. Stellen Sie zwischen der Projektstruktur und der Kalkulation eine Verbindung her, damit die Kosten pro Arbeitspaket transparent sind.

PRO

Kosten: Die Kosten werden für Sie durch einen Festpreis kalkulierbar. Der Lieferant wird zum sorgfältigen Umgang mit den Kosten erzogen. Kosteneinsparungen beim Lieferanten bedeuten für diesen Gewinn.

Karriere: Sie schaffen es, die Kosten in den Griff zu bekommen. Ein Meilenstein für die berufliche Entwicklung.

 CONTRA

Kosten: Die Kosten für die Erstellung der detaillierten Leistungsbeschreibung sind beträchtlich.

Qualität: Bei vielen Einzelvergaben haben Sie Probleme, die Qualität dezidiert zu prüfen. Qualitätsmängel bleiben unentdeckt und führen möglicherweise später zu unangenehmen Reklamationen.

Fazit: Wann dieser Weg Erfolg verspricht

Dieser Weg ist nur so gut, wie das externe Büro, das eingeschaltet wird. Je besser das Büro verhandeln kann, desto erfolgreicher und vor allem kostengünstiger wird der Weg. Der Auftrag kann nur dann als Festpreis vergeben werden, wenn ein detailliertes Pflichtenheft vorliegt. Es muss möglichst genau sein. Stellen Sie darin sicher, dass trotz Festpreis die geforderte Qualität geliefert wird. Handeln Sie bei den Vertragsverhandlungen den Preis nicht zu sehr herunter, sonst müssen Sie mit Nachträgen während des Projekts rechnen. Denn den Betrag, den der Lieferant durch die Vertragsverhandlungen verloren hat, wird er sich während des Projekts wieder holen wollen. Entweder stellt er Forderungen auf oder er schraubt an der Qualität.

2 Der fremdbestimmte Weg: Generalunternehmer übernimmt den Auftrag

Der Leiter der technischen Planung sucht für das Gesamtvorhaben einen Anlagenbauer als Generalunternehmer. Dazu ist es erforderlich, dass in Abstimmung mit den Fachabteilungen der Molkerei ein Lastenheft erstellt wird, das als Vertragsgrundlage mit dem Generalunternehmer dient. Dieser übernimmt die Gesamtverantwortung für das Vorhaben: Gegenüber der Molkerei vereinbart er den Liefer- und Leistungsumfang sowie einen Festpreis. Er entwickelt ein Gesamtpflichtenheft und startet dann seine Ausschreibungen. Die Angebote sichtet er, wertet er aus und beauftragt die Lieferfirmen. Er handelt Preise aus und koordiniert die Firmen. Der Molkerei liefert er eine funktionsfähige Anlage und organisiert die entsprechenden baulichen Veränderungen. Damit stellt er auch das erforderliche Projektmanagement, um Termine, Kosten und Qualität der Sachergebnisse zu sichern.

VORSICHT BOMBE!

Mit der Beauftragung eines Generalunternehmens ist der Einflussbereich des Auftraggebers erheblich reduziert.

So entschärfen Sie die Bombe
Vereinbaren Sie mit dem Generalunternehmer Meilenstein-Freigaben. Dort sollen die erreichten Sachergebnisse vorgestellt und verabschiedet werden. Außerdem soll die Planung bis zum nächsten Meilenstein besprochen werden.
Behalten Sie sich bei Vergaben von Kernaufgaben vor, informiert zu werden, um Änderungen anbringen zu können.

PRO

Termine: Mit der Vergabe an einen Generalunternehmer liegen Sie terminlich auf der sicheren Seite. Die Chance, dass die Termine gehalten werden, ist sehr groß, zumal in der Regel auch Pönalen in den Verträgen vereinbart werden. Ein Generalunternehmer kümmert sich wesentlich intensiver um die Organisation als ein Mitarbeiter, der noch das Tagesgeschäft bewältigen muss.

Kosten: Auch die Kosten sind in guten Händen. Sicherlich wird das Gesamtvorhaben teurer werden, als wenn Sie es selbst organisieren, aber die Gesamtkosten werden durch starkes Controlling im Zaum gehalten.

Karriere: Sie haben gezeigt, dass Sie gut kooperieren und dennoch genügend Spielraum schaffen können, den Auftragnehmer zu steuern. Das wird Ihnen in Ihrer Firma Anerkennung einbringen.

 **CONTRA**

Termine: Bei Terminproblemen müssen Sie über den Generalunternehmer gehen. Längere Abstimmungsrunden sind erforderlich.

Qualität: Unvorhergesehene Kostensteigerungen beim Generalunternehmer könnten diesen zu Einsparungen bei Umfang und Qualität verführen.

Fazit: Wann dieser Weg Erfolg verspricht

Der Weg mit einem Generalunternehmer verspricht dann erfolgreich zu sein, wenn beim Auftraggeber wenig fachliches Know-how vorhanden ist, wenn das Zeitfenster sehr knapp ist und Sie sich eine Kostenüberschreitung nicht leisten können. Gerade bei Anlageprojekten und anderen komplexen Projekten ist fachliche und organisatorische Kompetenz hilfreich.

Mein Weg: Ausführliche Vorbereitung – so bin ich vorgegangen

Der Leiter der Technischen Planung hatte mich gebeten, mit Mitarbeitern aus Produktion, Vertrieb und Instandhaltung die Entscheidung vorzubereiten, ob das Vorhaben selbst durchzuführen ist oder ein Generalunternehmer beauftragt wird. In einem eintägigen Workshop klärten wir die Ziele und das Projektergebnis und erstellten die Meilenstein-Inhalte für die beiden Alternativen. Eine anschließende Risiko- und Chancenanalyse der beiden Alternativen zeigte, dass der Abteilung Technische Planung das nötige Know-how fehlt, das Vorhaben fachlich und organisatorisch selbstständig zu stemmen. Deshalb wurde für die Unternehmensleitung eine Entscheidungsvorlage mit folgendem Lösungsvorschlag:

- Es wird ein Generalunternehmer gesucht und beauftragt.

- Als beratende Projektunterstützung wird ein Ingenieurbüro beauftragt, das die Abwicklung des Vorhabens aus der Sicht der Molkerei begleitet und alle technischen Unterlagen gegenüber dem Auftragnehmer prüft. Der Molkerei war wichtig, dass das Vorhaben pünktlich fertig wird und keine Kostenexplosion entsteht. Schließlich ging es darum, die Käsesorte preiswerter als vorher zu produzieren.

So ist das Projekt auch abgewickelt worden. Bei der Abnahme der vollautomatischen Käseproduktion waren alle Beteiligten zufrieden.

KLARTEXT: BESTELLUNGEN UND LIEFERANTEN

1 Schaffen Sie eine solide Basis mit einem Lasten- und Pflichtenheft oder einer Leistungsbeschreibung, bevor Sie Angebote bei Auftragnehmern anfragen.

2 Der preiswerteste Auftragnehmer liefert nicht immer gute Sachergebnisse. Der Preis ist nur einer der Maßstäbe. Zuverlässigkeit, Qualität und Erfahrung sollten weitere Kriterien der Auswahl sein.

3 Gehen Sie auf Nummer Sicher: Lassen Sie sich vom Auftragnehmer anhand der Projektstruktur und des Terminplans zeigen, wie er gedenkt, das Vorhaben zu stemmen.

4 Aufträge zu Festpreisen verlagern das Kostenrisiko auf die Seite des Auftragnehmers. Sichern Sie sich vertraglich gegen überproportionale Änderungswünsche bzw. Änderungen des Liefer- und Leistungsumfangs ab.

5 Wählen Sie das Modell „Generalunternehmer beauftragen", wenn Sie intern nicht über genügend Know-how verfügen.

6 Lassen Sie sich regelmäßig über den Projektfortschritt informieren – auch indem Sie ab und zu vor Ort erscheinen.

4

Diese Tools brauchen Sie

 NÜTZLICHE TOOLS

Tool	Kurzbeschreibung Stärken/Schwächen	Aufwand Nutzen
Claim-Management	Beschreibt Umgang und Ablauf von Claims. Ein Claim ist eine Forderung, die sich aus einem Vertragsverhältnis ergibt.	●● ★★★★
Controlling	Das Controlling als Aufgabenstellung umfasst die Angebots-, Auftrags-, die Mit- und Nachkalkulation. Die Angebots- und Auftragskalkulation werden oft als Vorkalkulation zusammengefasst.	●●● ★★★★★
Kosten-Trendanalyse	Grafische Darstellung der einzelnen Voraussichtlichen IST-Werte zum jeweiligen Stichtag, ebenso der aktualisierten Meilensteine in der Meilenstein-Trendanalyse. Software erleichtert den Einsatz.	●● ★★★★★
Lieferanten-management	Es umschließt den Kreislauf von der Anfrage beim Lieferanten bis zur Schlussrechnung durch den Lieferanten. Es kann in einem Projekt einen großen Part ausmachen und ist beim Einkauf angesiedelt, wenn es diesen im Unternehmen gibt. Wenn nicht, kann es auch zu den Aufgaben des Projektleiters gehören.	●●●● ★★★★★
Mitlaufende Kalkulation	Alle Kontroll- und Steuerungsaktivitäten bezüglich der kalkulierten Kosten. Kontrollaktivitäten sind SOLL-/IST-Vergleich und Ursachenforschung für die entstandene Abweichung. Steuerungsaktivitäten sind Voraussichtliches IST mit Kosten-Trendanalyse und alle Maßnahmen, die der Beseitigung der Abweichung dienen. Entsprechende Software erleichtert den Einsatz.	●●●● ★★★★★

Tool	Kurzbeschreibung Stärken/Schwächen	Aufwand Nutzen
SOLL-/IST-Vergleich Kosten ⊙	Um einen SOLL-/IST-Vergleich der Kosten durchführen zu können, müssen die Kosten auf die Zeit verteilt werden, z. B. monatlich oder pro Meilenstein-Termin. Dann können pro Monat oder Meilenstein den SOLL-Werten die IST-Werte gegenüber gestellt werden, so dass die Abweichung nach oben oder unten erkennbar ist. Ohne SOLL-/IST-Vergleich der Kosten ist keine wirksame Kosteneinhaltung möglich. Entsprechende Software erleichtert den Einsatz des Tools.	●●●● ★★★★
Voraussichtliches IST ⊙	Errechnung des Kostentrends und Voraussetzung für die grafische Darstellung der Kosten-Trendanalyse. Die Kosten werden nach der Kalkulation auf Zeiträume wie Monate oder Quartale verteilt. Zu einem Stichtag werden die bis dahin aufgelaufenen IST-Werte mit den geplanten Kosten vom Stichtag bis zum Projektende summiert. Der so entstandene Wert heißt Voraussichtliches IST. Er gibt Auskunft darüber, wie zum Stichtag die Kostensituation prognostiziert am Ende des Projektes aussieht. Entsprechende Software erleichtert den Einsatz des Tools.	●●● ★★★★★

Die wichtigsten Tools – wie sie funktionieren

Claimmanagement

Der Umgang mit Claims muss am Anfang des Projektes geklärt sein. Der Auftragnehmer stellt Forderungen an den Auftraggeber, z. B. Mehrkosten, die durch fehlende Beistellungen seitens des Auftraggebers entstanden sind. Umgekehrt stellt der Auftraggeber Claims an den Auftragnehmer/die Projektleitung. Die Claims beziehen sich immer auf einen Vertrag. Es kann eine unterschiedliche Auslegung der jeweiligen Vertragspassage sein, es können auch Reklamationen sein oder Kosten, die einem Lieferanten entstehen, weil der Auftraggeber seine Beistellungen nicht rechtzeitig oder unvollständig geliefert hat. Um Claims später gerichtlich durchsetzen zu können, müssen Beweise gesichert werden. Der entstandene Schaden muss z. B. durch Fotos oder Gutachten belegt sein.

Controlling

Der Controller ist der Copilot für die Projektleitung auf der Kostenseite. Controlling kann als Stab bei der Projektleitung angesiedelt sein oder es ist im kaufmännischen Bereich einer Firma beheimatet. Der Regelkreis des Controllings umfasst die Planung und Steuerung der Kosten.

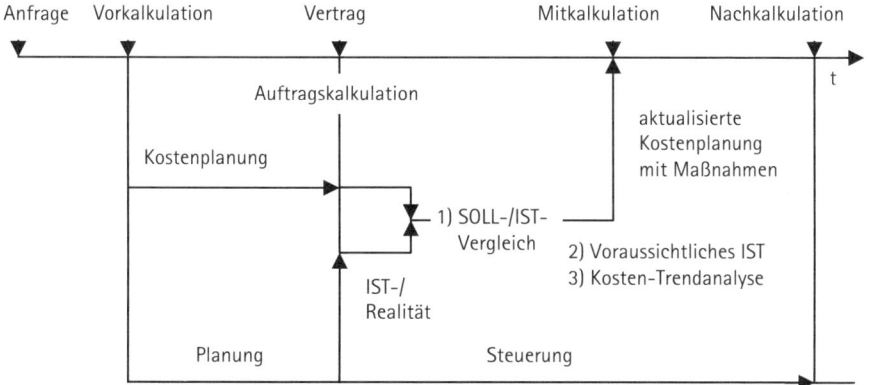

Der Regelkreis des Controllings

Kosten-Trendanalyse 💬

Sie ist die visuelle Fortsetzung des Voraussichtlichen IST (siehe S. 162). Dort wird der Prognosewert bezüglich der Kosten bezogen auf das Projektende berechnet. In der Kosten-Trendanalyse wird dies grafisch dargestellt.

Voraussichtliches IST

Heute **Genehmigtes Budget**

In der Regel wird die Kosten-Trendanalyse zusammen mit der Meilenstein-Trendanalyse dargestellt, um sowohl die Termin- als auch die Kostensituation im Überblick zu sehen:

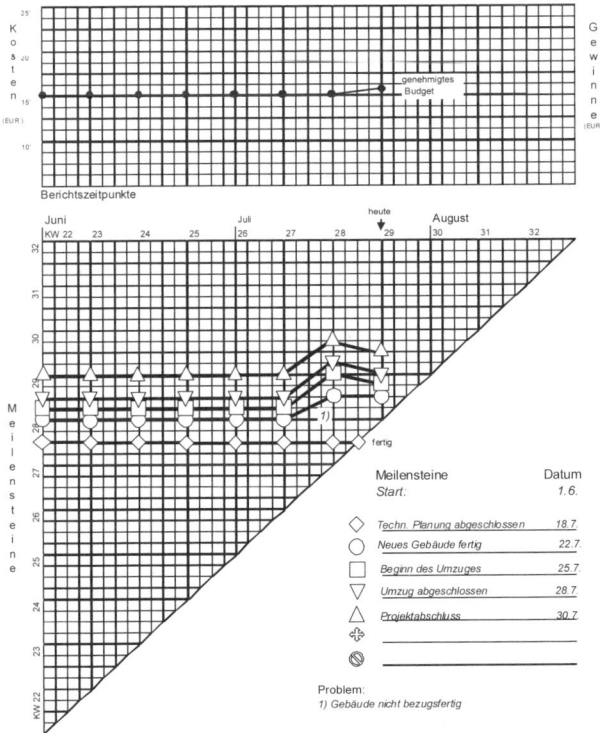

Beispiel für eine Kosten-Trendanalyse (mit Meilenstein-Trendanalyse)

Lieferantenmanagement

Es startet mit der Auswahl potenzieller Lieferanten, die durch eine Anfrage gebeten werden, ein Angebot abzugeben. Die Anfrage des Auftraggebers enthält das Lastenheft oder die Leistungsbeschreibung. Der Lieferant liefert ein Angebot, das Pflichtenheft. Wenn mehrere Anbieter angefragt werden, folgt die Auswahl der Lieferanten und dann die Beauftragung.

Auswahlkriterien für einen Lieferanten können sein:

- Technische Lösung/Qualität des Pflichtenheftes
- Preis-/Leistungsverhältnis
- Bonität
- Referenzen
- Fachliches Können
- Reibungslose Zusammenarbeit
- Lieferzeiten
- Zahlungsziele
- Rabatte
- Prozesszertifizierung
- Reputation in der Branche

Nach der Beauftragung kommt die Betreuung des Lieferanten. Wann bekommt der Auftraggeber welche Berichte in welcher Form? Gibt es Ortsbesichtigungen? Wie kann der Fertigstellungsgrad der im Vertrag versprochenen Sachergebnisse verfolgt bzw. erfasst werden?

Nach entsprechenden Teil- bzw. Schlussabnahmen erfolgen die Rechnungsstellung und der Abschied vom Lieferanten. Es sei denn, der Lieferant wird erneut beauftragt. Dann wiederholt sich der beschriebene Kreislauf.

Mitlaufende Kalkulation 💽

Die Mitlaufende Kalkulation führt sowohl eine Rückschau als auch eine Vorausschau hinsichtlich der Kostensituation durch. Die Rückschau ist weitgehend durch den SOLL-/IST-Vergleich (siehe S. 159) abgedeckt. Hinzu kommt das Aufspüren der Ursachen für Kostenüberschreitungen. Die Vorschau umfasst das Voraussichtliche IST und die Kosten-Trendanalyse. Zur Vorschau gehört es auch, Maßnahmen zu kreieren, die das Kostendilemma abstellen, und dafür zu sorgen, dass die beschlossenen Maßnahmen umgesetzt werden. Als solche Maßnahmen kommen z. B. Nachverhandlungen mit dem Lieferanten, günstigerer Einkauf, Reduzierung von Personal oder preiswerteres Personal in Frage. Die beschlossenen Maßnahmen fließen in die Liste offener Punkte ein, bis sie erledigt sind.

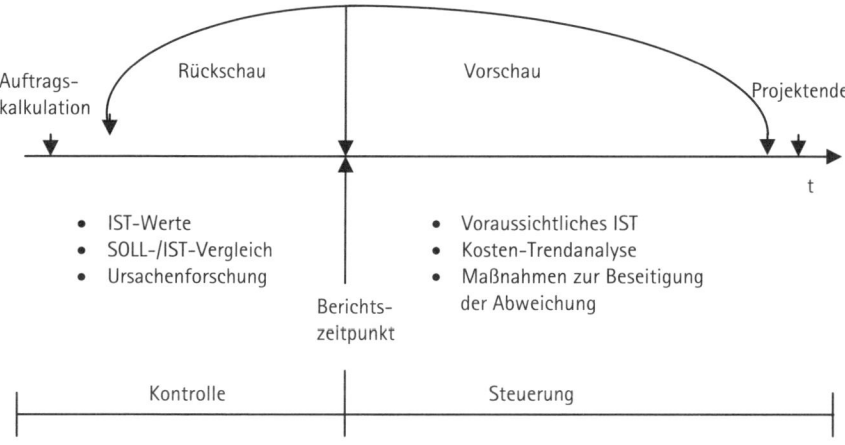

Überblick: Mitlaufende Kalkulation

SOLL-/IST-Vergleich Kosten ⊕

Nach der Vorkalkulation, vor Vertragsabschluss auch Angebotskalkulation genannt, wird die Kalkulation auf Basis des abgeschlossenen Vertrages überarbeitet und in eine Auftragskalkulation gegossen. Die Darstellung der Kalkulation bleibt die gleiche. Nur die Zahlen zu den verschiedenen Kosten können sich geändert haben. Damit ein SOLL-/IST-Vergleich durchgeführt werden kann, müssen die Kosten auf die Zeitachse verteilt werden. In der Regel wird nach Monaten aufgeteilt, bei Forschungsprojekten können Quartale sinnvoll sein. Auch eine Aufteilung nach den Zeitpunkten der entsprechenden Meilensteine kann durchaus zweckmäßig sein, wenn es wichtig ist, die aufgelaufenen Kosten für die Meilensteine zu kennen.

	Gesamt	Jan.		Feb.		Mär.		Apr.		Mai		Juni		Juli	
		SOLL	IST	SOLL	IST	SOLL	IST	SOLL	IST	SOLL	IST	SOLL	IST	SOLL	IST
Fixkosten (direkt oder ggf. prozentual)															
Eigenpersonal Fremdpersonal Eigene Sachkosten Fremde Sachkosten															
Summe 1															
Variable Kosten (direkt)															
Eigenpersonal Fremdpersonal Eigene Sachkosten Fremde Sachkosten															
Summe 2															
Gesamtkosten															
Abweichung															

Beispiel 1 für SOLL-/IST-Vergleich Kosten

Wer mehr Wert auf den Überblick legt, verwendet folgende Darstellung des SOLL-/IST-Vergleiches: Die Spalte „Budget Plan-Kosten" zeigt die geplanten Kosten, die nächste Spalte die IST-Werte des aktuellen Monats, Spalte 3 die gesamten IST-Kosten. Dann folgt der Vergleich. In der letzten Spalte können die unvorhergesehenen Kosten des Projektes gesondert ausgewiesen werden.

Pos.	KOSTENART	Budget Plan-Kosten 1	Monatliche IST-Kosten 2	Kumulierte IST-Kosten 3	Abweichung Spalte 1 zu Spalte 3	Zusätzl. erwartete Kosten
1.1	Material nach Materialarten					
1.2	Materialbeistellung durch Kunden					
1.3	Auswärtige Bearbeitung					
1.4	Selbsterstellte Lagerteile					
1.5	Rückstellung für fehlende Material-kosten					
1.6	Materialgemeinkosten MGK					
1	MATERIALKOSTEN					
2.1	Fertigungslöhne Handarbeit FGK auf Handarbeit					
2.2	Fertigungslöhne mech. Bearbeitung FGK auf mech. Bearbeitung					
2.3	Fertigungslöhne an Maschinen FGK auf Maschinen					
2.4	Fertigungslöhne Montage im Werk FGK auf Montage im Werk					
2.5	Wärme und Oberflächenbehandlung					
2.6	Sonstige Bearbeitung					
2	FERTIGUNGSKOSTEN					
3.1	Modelle Vorrichtungen Sonderwerk-zeuge					
3.2	Prüfungs- und Abnahmekosten im Werk					
3.3	Fertigungslizenzen					
3.4	Kalkulatorische Fertigungs-Wagnisse (Ausschuss und Nacharbeit)					
3	SONDERKOSTEN der FERTIGUNG					
4	HERSTELLKOSTEN A (Summe 1-3)					
5	FORSCHUNGS- + ENTWICKLUNGSKOSTEN					
	Konstruktionskosten					
6.1	durch eigenes Personal	300	200	250	- 50	
6.2	durch Fremde	1.200	900	1.000	-200	
6.3	Konstruktionsgemeinkosten					
6.4	ggf. auch spez. Auftragsabwicklungs-kosten					
6	KONSTRUKTIONSKOSTEN					
7	AUSSENMONTAGEN					
8	HERSTELLKOSTEN B (Summe 4-7)	1.500	1.100	1.250	- 250	
9	VERWALTUNGSGEMEINKOSTEN					
10	VERTRIEBSKOSTEN					
11	KORR.POSTEN MATERIALBEISTELLUNG	2.800	3.000	3.500	+ 700	
12	SELBSTKOSTEN A (Summe 8-11)	4.300	4.100	4.750	+ 450	
13.1	Provisionen					
13.2	Lizenzen					
13.3	Frachten, Transport, Verpackung					
13.4	Versicherungen (inkl. Kreditvers.)					
13.5	Reisen und Auslagen					
13.6	ausl. Steuern, ggf. Zölle					
13.7	Zinsen bei außergewöhnl. Zahlungs-bedingungen und Vorfinanzierung					
13.8	Erprobung Abnahme Inbetriebnahme	2.400			+ 400	440
13.9	Sonstige (Lieferant)	2.400			+ 200	200
13	SONDERKOSTEN DES VERTRIEBS					
14	WAGNISKOSTEN DES VERTRIEBS					
15	SELBSTKOSTEN B (Summe 12-14)	9.100	7.900	10.150	+ 1050	640
16	KALK: GEWINN/ERGEBNIS	1.000	900	840	- 160	
17	VERKAUFSPREIS/ERLÖS	10.100	8.800	10.990	+ 890	640

4

Voraussichtliches IST 🔧

Das Voraussichtliche IST stellt nicht nur eine Rückschau dar, sondern auch eine Vorausschau auf das Projektende. Für den Berichtszeitraum werden alle bisherigen IST-Kosten mit den geplanten IST-Kosten ab diesem Zeitpunkt addiert. Dieser Wert wird mit der Budgetgrenze abgeglichen. Liegt das Voraussichtliche IST darunter, wird zum Projektende eine Kostenunterschreitung erwartet; liegt es über darüber, eine Kostenüberschreitung. Ist letztere erkennbar, dann sind Sie als Projektleiter gefordert, Maßnahmen zur Korrektur einzuleiten. Diese können z. B. sein: Kann der Lieferant mit dem Preis nach unten gehen? Gibt es preiswertes Personal? Kann am Material gespart werden? Kann auf Reisen verzichtet werden?

Berichtszeitpunkte	1 SOLL	1 IST	2 SOLL	2 IST	3 SOLL	3 IST	4 SOLL	4 IST	5 SOLL	5 IST	6 SOLL	6 IST	Summe SOLL	Summe V'IST
Arbeitspakete/Kostenart														
PM														
Projektübergabe/Projektziele	100	100											100	100
Projekt-Organigramm	100	200											100	200
Terminplan			200			100							200	300
Angebotskalkulation			100		100		100			100			300	400
Präsentation GL											100		100	100
QM														
Review Angebot									100				100	100
Technik														
Projektergebnisstruktur			200										200	200
Grobpflichtenheft			500		500		500			100			1500	1600
Lieferantenangebote					100		100						200	200
Angebotstexte							300		300				600	600
SOLL-Werte	200		1000		700		1000		400		100		3400	
Berichtszeitpunkt 1		300	1000		800		1000		600		100			3800 — V'IST
Berichtszeitpunkt 2														V'IST
Berichtszeitpunkt 3														V'IST
Berichtszeitpunkt 4														V'IST
Berichtszeitpunkt 5														V'IST
Berichtszeitpunkt 6														V'IST

Beispiel für Voraussichtliches IST

5 Die Stakeholder ins Boot holen

In der Wirtschaft heißt es oft: 50 % sind Psychologie. Dies trifft auch auf Projekte zu. Projekte gelingen nur, wenn ein Projektleiter neben seinem methodischen Können auch in der Lage ist, die am Projekt Beteiligten – die Stakeholder – ins Boot zu holen, vor allem die Auftraggeber und die eigenen Vorgesetzten sowie die Projektmitarbeiter. Auch sie müssen hinter dem Projekt stehen, da sie Einfluss auf das Projekt nehmen und den Projektleiter in seinen Handlungsspielräumen blockieren können.

Dieses Kapitel beschäftigt sich daher mit den folgenden wichtigen Fragen:

- Wie beziehen Sie einen Auftraggeber mit ein, der sich nicht genug informiert fühlt? Wie viel Informationen sind gut für ihn und für Sie?

- Was tun Sie, wenn Ihr Auftraggeber die Situation nicht so sieht wie Sie? Wie vermeiden Sie drohende Konflikte oder lösen Sie bestehende?

- Wie bringen Sie die Führungsriege in Ihrem eigenen Unternehmen auf Ihre Seite?

So wenig wie möglich – so viel wie nötig: Auftraggeber einbinden

 DAS SZENARIO

Ein von mir gecoachter Projektleiter war von seiner Geschäftsführung zum Gespräch bestellt worden. Ein wichtiger Auftraggeber hatte sich bei der Firmenleitung darüber beklagt, nicht ausreichend über die Geschehnisse innerhalb des gemeinsamen Projekts informiert worden zu sein. Er vermutete, dass das Projekt Termin- und Kostenprobleme hatte. Er war zu diesem Schluss gekommen, weil er zu Beginn alle vier Wochen einen schriftlichen Kurzbericht bekommen hatte – und der Projektleiter ihm mittlerweile nur noch sehr sporadisch berichtete. Er bat den Geschäftsführer, ihm innerhalb von drei Tagen einen – ehrlichen – Statusbericht zu geben. Außerdem wollte er wieder alle vier Wochen Einblick ins Vorhaben bekommen. Er wies darauf hin, dass Folgeaufträge anstehen und drohte damit, diese an andere Firmen zu vergeben. Wie hätte der Projektleiter diese Situation verhindern können?

Wege zur Lösung

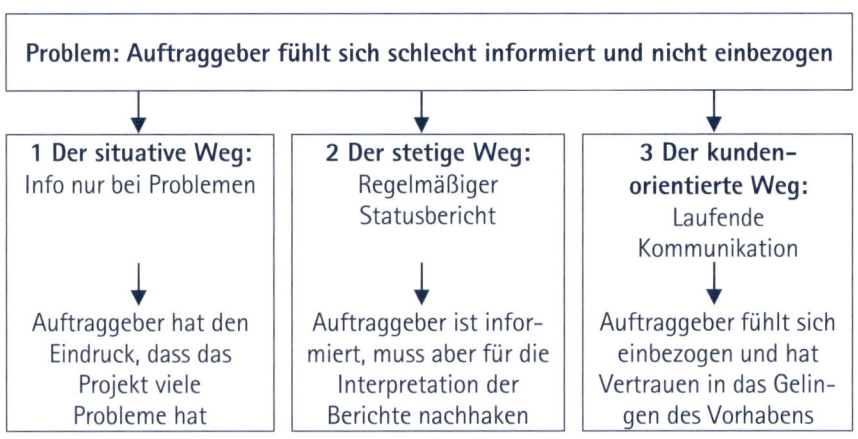

1 Der situative Weg: Info nur bei Problemen

Bei diesem Weg wird der Auftraggeber bewusst vom Projekt fern gehalten. Er soll lediglich am Anfang das Lastenheft liefern und am Ende das Sachergebnis abnehmen. Nur wenn es um Änderungen oder um Claims geht, benötigt die Projektleitung im laufenden Projekt seine Zustimmung bzw. wird er informiert, wenn es Probleme im Projekt gibt.

VORSICHT BOMBE!

Dieser Weg schürt das Misstrauen des Auftraggebers.

So entschärfen Sie die Bombe

1 Stellen Sie auch die Erfolge dar und laden Sie ihn ein, wenn die ersten Sachergebnisse zu besichtigen sind.
2 Informieren Sie den Auftraggeber möglichst frühzeitig über Probleme.
3 Stellen Sie weniger die Probleme dar, sondern zeigen Sie vielmehr auf, wie die Probleme beseitigt werden.

PRO

Termine: Der Auftraggeber stört nicht, das sichert die Termine. Außerdem provozieren Sie weniger Änderungen, die sich oft in Terminverschiebungen niederschlagen.

Kosten: Die Kosten der Koordination und des Berichtens werden gering gehalten. Ein Plus für das Projekt.

Qualität: Sie können sich ganz auf das Projekt und auf die Qualität der Anlage oder des Produkts konzentrieren.

Karriere: Sie sind an einer zügigen Abwicklung des Projekts interessiert. Das wird seitens der Firma anerkannt.

CONTRA

Termine: Wenn der Auftraggeber z. B. bei Teilabnahmen nicht dabei ist, dann erfharen Sie nicht, ob Sie auf dem richtigen Weg sind. Wenn es ganz schlimm kommt, dann verweigert der Kunde die Abnahme. Der Endtermin schwimmt so von dannen.

Qualität: Sie können nicht einschätzen, ob der Kunde der Qualität später zustimmt.

Fazit: Wann dieser Weg Erfolg verspricht

Es gibt natürlich Auftraggeber, die sich ständig einmischen und über alles informiert sein wollen. Sie entwickeln sich zu echten Zeitfressern. Deshalb ist es in diesem Fall angebracht, das Einmischen des Auftraggebers auf ein Mindestmaß zu begrenzen. Hier ist es sinnvoll zu vereinbaren, dass die Projektleitung bei Schwierigkeiten auf den Auftraggeber zugeht. Dieser wird nicht begeistert sein, wenn er ausgebremst wird. Deshalb hilft es, wenn Sie ihm die Aufwendungen in Rechnung stellen, die Sie in der Kalkulation nicht vorgesehen hatten. Wenn der Auftraggeber etwas für die Informationspolitik zahlen soll, dann kann er damit auf Kurs gebracht werden.

2 Der stetige Weg: Regelmäßiger Statusbericht

Es wird vereinbart, dass der Auftraggeber, je nach Lage des Projekts, alle vier bis acht Wochen schriftlich durch einen Statusbericht, auch Kurzbericht genannt, informiert wird. Darin stehen wichtige Meilenstein-Ergebnisse und -Termine, SOLL-/IST-Vergleiche von Terminen und Kosten sowie Maßnahmen zur Beseitigung von Abweichungen oder Problemen. Außerdem wird im Bericht angekündigt, wann die nächste Teilabnahme ansteht.

 VORSICHT BOMBE!

Berichte sind nicht immer eindeutig interpretierbar. Sie können vom Leser anders aufgefasst werden, als vom Verfasser gemeint.

So entschärfen Sie die Bombe

1 Schreiben Sie kurze Sätze in der Aktivform.
2 Lassen Sie den Bericht von einem Kollegen querlesen, bevor Sie den Bericht versenden.
3 Versetzen Sie sich in die Lage des Auftraggebers und versuchen Sie sich vorzustellen, was ihn interessiert.
4 Brisante Berichte sprechen Sie am besten mit dem Auftraggeber telefonisch mit Bildschirmpräsentation durch.

Termine: Regelmäßige Berichte erzeugen Druck. Sie legen sich fest, dass Sie zum Zeitpunkt X etwas liefern müssen. Das ist gut für die Terminsituation.

Qualität: Berichte zu erstellen, zwingt Sie zum Nachdenken. Dies ist ein sehr guter Beitrag zur Qualitätssicherung von Prozessen in einem Projekt.

Karriere: In Berichten sammeln Sie Erfahrungen, die sich auf diese Weise fest bei Ihnen einprägen. Das Urteilsvermögen wird geschärft. Eine gute Eigenschaft, um später Linienverantwortung zu übernehmen.

Termine: Oft werden in Projekten zwei Statusberichte gefahren: Der interne Projektbericht und der externe Bericht an den Kunden (Auftraggeber). Diese Statusberichte sind nicht deckungsgleich. Dem Kunden wird der Auftrag positiver verkauft, als das Projekt in Wahrheit ist. Dies führt zur Verlangsamung des Projekts und gefährdet die Termine.

Kosten: Berichte zu erstellen kostet Zeit, und damit wird der Aufwand des Projektleiters erhöht. Dieser sollte durch den Auftrag abgedeckt sein.

Karriere: Berichte schreiben hat einen leicht bürokratischen Anstrich. Sie sollen ja das Projekt leiten und nicht „verwalten".

Fazit: Wann dieser Weg Erfolg verspricht

Bei großen und internationalen Projekten ist das regelmäßige Berichten angebracht. Auch bei stark risikobehafteten Projekten ist so ein Reporting sinnvoll.

Um allzu viel Aufwand für das Berichtswesen zu vermeiden, können Sie z. B. das Protokoll der internen Statusbesprechung gleich als Bericht oder als Powerpoint-Präsentation aufbereiten.

5

3 Der kundenorientierte Weg: Laufende Kommunikation

„Der Kunde ist König", wird oft verkündet. Damit wird ein hierarchisches Verhältnis skizziert. Der kundenorientierte Weg meint aber eine Partnerschaft auf Augenhöhe. Es geht um sachliche Information. Der Auftraggeber soll am Geschehen quasi als Copilot teilhaben. Wenn Protokolle aus Statusbesprechungen fertig sind, setzen Sie Ihren Kunden auf den Verteiler. Rufen Sie den Kunden regelmäßig an und besprechen Sie die letzten positiven Sachergebnisse mit ihm. Selbstverständlich gilt diese Vorgehensweise auch in schlechten Zeiten. Vereinbaren Sie mit ihm ein Treffen, um mit ihm Schwierigkeiten zu diskutieren und vor allem die Akzeptanz für die eingeleiteten Maßnahmen zu sichern.

 VORSICHT BOMBE!

Wer Wert auf guten Kontakt mit dem Auftraggeber legt, läuft Gefahr, Konflikten aus dem Weg zu gehen.

So entschärfen Sie die Bombe

1 Machen Sie sich klar, dass Konflikte manchmal notwendig und von der Beziehung unabhängig sind.
2 Nutzen Sie die entsprechenden Kommunikationsregeln, z. B. aktiv zuzuhören, um den Konflikt deeskalierend und sachlich auszutragen.
3 Teilen Sie sich im Konflikt auf. Sie spielen z. B. den Guten und Ihr Vertrieb den „Bad Boy".

 PRO

Termine: Für die Projektarbeit ist Kundenorientierung sicherlich förderlich. Kleine Probleme können so schnell und unbürokratisch gelöst werden. Dies wirkt sich auf die Termine positiv aus.

Kosten: Sicherlich kostet Kundenorientierung etwas mehr Zeit für die Projektleitung. Auf der anderen Seite läuft das Projekt reibungsloser.

Qualität: Eine gute Atmosphäre hat der Qualität noch nie geschadet. Wenn alle mit Freude bei der Sache sind, wird konzentrierter gearbeitet. Ein Plus für die Qualität.

Karriere: Vertrauensvolle Zusammenarbeit mit einem Schuss Herzlichkeit öffnet viele Türen.

Fazit: Wann dieser Weg Erfolg verspricht

Projekte mit besonderen Konflikten zwischen dem Auftraggeber und -nehmer profitieren von der Kundenorientierung durch faire und zügige Konfliktlösungen. Kundenorientierung ist dann das Öl im Getriebe.

Besonders bei „schwierigen" Kunden ist laufende Kommunikation angebracht. Was macht den „schwierigen" Kunden aus? Zum einen gibt es Kunden, die sich nicht festlegen. Andere dagegen beglücken das Projekt immer wieder mit neuen Ideen. Es gibt Kunden, die durch forsches Auftreten und forderndes Verhalten das Miteinander kompliziert machen. Gerade hier bewährt sich die laufende Kommunikation. Der Auftraggeber sieht, dass er einbezogen wird und fühlt sich respektiert.

Der Weg bietet sich auch an, wenn Sie in einem Unternehmen arbeiten, das auf Kommunikation als Teil der Unternehmenskultur viel Wert legt.

Mein Weg: Offene Gespräche – so bin ich vorgegangen

Zunächst ist der Forderung des Kunden nach einem Statusbericht selbstverständlich nachgekommen worden – ich bereitete ihn in einem Coaching-Gespräch mit dem Projektleiter vor. Wir haben uns Zeit genommen und reflektiert, was geschehen war. Weshalb geht der Kunde über die Geschäftsführung und nicht direkt ihn zu? Es stellte sich heraus, dass er sich aus Sorge um Folgeaufträge nicht klar gegenüber dem Auftraggeber geäußert hatte. So hatte er versäumt, ihm mitzuteilen, dass er für mehrere Wochen seinen Jahresurlaub nimmt und kein Vertreter eingesetzt wird. Der Projektleiter hatte zwar ein gutes Verhältnis zum Auftraggeber, aber er wollte sich in vielen Situationen „nicht festnageln" lassen. Um Druck zu machen, wandte sich der Auftraggeber an die Geschäftsführung. Bei vielen Kunden des Unternehmens hatte sich dieser Weg eingebürgert. Die Geschäftsleitung zog sich den Schuh oft an und untergrub auf diese Weise die Autorität der Projektleiter. Sie hätte genauso gut sagen können: „Für Ihren Auftrag ist Herr ... verantwortlich. Ich werde ihn bitten, mit Ihnen zu sprechen."

Daraus ergaben sich im Coaching-Gespräch mehrere Maßnahmen. Der Projektleiter sollte den Bericht wieder regelmäßig alle vier Wochen und persönlich übergeben. Zudem sollte er die Situation „Informationsspanne" offen ansprechen. Schließlich sollte er den Auftraggeber bitten, sich in Zukunft bei Problemen direkt an ihn zu wenden. Auf der anderen Seite musste er mit der Geschäftsführung sprechen, um zu erreichen, dass sie Auftraggeber mit solchen Anliegen in Zukunft an ihn verweist. Der Projektleiter sollte die Vorteile dieses Verhaltens aufzeigen.

In einem späteren Coaching-Gespräch zwischen der Projektleitung und mir beleuchteten wir die beiden Maßnahmen, die in der Zwischenzeit umgesetzt wurden, nochmals. Alle Seiten hatten nun verstanden, wie Projektarbeit funktionieren sollte.

 KLARTEXT: AUFTRAGGEBER EINBINDEN

1   Binden Sie Ihren Auftraggeber nicht nur am Anfang und am Ende ein, sondern informieren Sie ihn regelmäßig auch während des laufenden Projekts.

2   Informieren Sie ihn schriftlich, aber vergessen Sie nicht, von Zeit zu Zeit den persönlichen Kontakt zu suchen (mittels Telefon oder Besprechung).

3   Gehen Sie bei Konflikten gleich auf den Auftraggeber zu, damit nichts anbrennt.

4   Pflegen Sie mit Ihrem Auftraggeber ein faires und herzliches Verhältnis. „Hart in der Sache, höflich im Ton", kann hier das Motto lauten.

Eskalieren oder nicht? Konflikte mit dem Auftraggeber

Der Direktor des Vermessungs- und Katasteramts war in die Softwareschmiede eines Konzerns gekommen, um für das Amt das neue, geografische Softwarepaket abzunehmen. Das Projekt lief schon zwei Jahre. Vor einem Jahr war der alte Projektleiter ausgeschieden. Der neue Projektleiter hatte sich bisher mit Navigationssystemen für Autos beschäftigt. Die Besprechung zwischen dem neuen Projektleiter und dem Amtsvorsteher kam bald ins Stocken. Der Vermessungsdirektor konnte eine wichtige Funktion in der Software nicht finden, obwohl sie in seinem Lastenheft enthalten war. Der neue Projektleiter konnte die Funktion in seinem Lastenheft dagegen nicht finden. Beide konnten sich nicht erklären, wieso die Lastenhefte nicht deckungsgleich waren. Da die Funktion nicht zur Verfügung stand, verweigerte der Direktor die Abnahme. Für den neuen Projektleiter eine fatale Situation, da die fehlende Funktion jetzt nur noch mit viel Zeit- und Kostenaufwand integriert werden konnte. Wie konnte er die Situation retten?

Wege zur Lösung

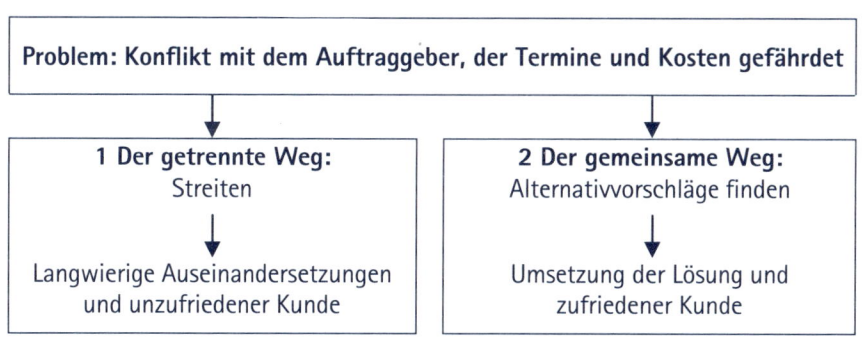

1 Der getrennte Weg: Streiten

Nachdem klar ist, dass ein Problem aufgetreten ist, blättern beide Seiten im Vertrag bzw. Lasten- und Pflichtenheft und legen die entsprechende Passage zu ihren Gunsten aus. Jede Seite bezieht sich auf vermeintliche Fakten, die meistens nicht mehr eindeutig ermittelbar sind. Das Klima wird frostiger und das Gespräch endet mit Schuldzuweisungen. Nach einigen Tagen flattern Briefe mit juristischen Schriftsätzen auf die Schreibtische der Betroffenen. Ein Rechtsstreit scheint unausweichlich.

 VORSICHT BOMBE!

Statt Fakten und Wahrnehmungen werden Vorwürfe und Schuldzuweisungen ausgetauscht.

So entschärfen Sie die Bombe

1 Bleiben Sie durch aktives Zuhören auf der Sachebene. Klären Sie, was Sie verstanden haben und fassen Sie mit offenen Fragen nach.

2 Nutzen Sie Angriffe, um konkret nach Beispielen zu fragen.

3 Arbeiten Sie in der Konfliktsituation das Gemeinsame, das Verbindende heraus und verlassen Sie den Weg des Trennenden und meist Negativen.

4 Schalten Sie einen Moderator ein.

5 Sollte das Gespräch dennoch eskalieren, dann legen Sie eine Pause ein. Der zeitliche Abstand trägt zur Beruhigung der Gemüter bei.

6 Fragen Sie nach Vorschlägen für die Konfliktlösung.

 CONTRA

Termine: Bevor sich der Streit ausbreitet, müssen die beiden Parteien die korrekten juristischen Schritte gehen, so z. B. Nachbesserungschancen einräumen. Das Ende des Projekts verzögert sich.

Kosten: Rechtsstreitigkeiten kosten Geld und belasten das Budget des Projekts.

Karriere: Für die Karriere ist es nicht gut, wenn Sie bei einem Rechtsstreit verlieren und damit dazu beitragen, dass Termine und Kosten nicht eingehalten werden.

Fazit: Wann dieser Weg Erfolg verspricht

Der Gang durch die Instanzen ist unausweichlich, wenn alle Bemühungen gescheitert sind, den Streit auf diplomatischem Weg zu beenden. Selbst wenn Sie als Auftragnehmer im Recht sind, ist es wegen der Beziehung zum Kunden jedoch fraglich, ob es klug ist, Ihre Macht auszuspielen. Wenn Sie den Streit gewinnen, kann sich das als Pyrrhus-Sieg entpuppen: Sie haben dann auch sicherlich einen Kunden verloren.

2 Der gemeinsame Weg: Alternativvorschläge bringen

Nachdem sich herauskristallisiert hat, dass es Schwierigkeiten gibt, klärt der Projektleiter mit dem Auftraggeber, worin das Problem besteht. Anschließend macht er Vorschläge, das Problem zu beheben. Außerdem fragt der Projektleiter den Auftraggeber, wie er sich die Problemlösung vorstellt. Der Projektleiter verdeutlicht, dass er an einer Lösung stark interessiert ist. Nun werden die Vorschläge nach Vor- und Nachteilen für beide Seiten abgeklopft. So entsteht eine gewisse Rangordnung der Vorschläge, und Schritt für Schritt entwickelt sich die optimale, nutzbringende Lösung. Solche Vorschläge zur Lösung des Problems im Szenario können z. B. sein, dass die Funktion nachgeliefert wird oder auf die Funktion gegen Preisnachlass verzichtet wird. Ein weiterer Vorschlag kann sein, dass die Funktion in der nächsten Ausbaustufe kostenfrei eingebaut wird.

Mit dem gemeinsamen Weg verhindert man, dass der Gesprächsfaden abreißt. Solange die Kugel im Spiel ist, können sich die Parteien verständigen und werden eine Lösung finden. Es kann dabei durchaus die Einsicht wachsen, dass ein zweites Gespräch erforderlich ist, um sich zu einigen.

VORSICHT BOMBE!

Kompromissbereitschaft und moderatives Denken werden gern als Schwäche ausgelegt: „Gibst du mir den kleinen Finger, dann nehme ich gleich die ganze Hand".

So entschärfen Sie die Bombe

1 Machen Sie deutlich, was aus Ihrer Sicht möglich ist und ziehen Sie klare Grenzen zum Unmöglichen.
2 Kompromiss bedeutet: Auch Ihr Gegenüber muss etwas Federn lassen. Fordern Sie dies ein.

5

3 Fassen Sie von Zeit zu Zeit zusammen und heben Sie hervor, wo noch Uneinigkeit und wo Einigkeit herrscht.

4 Loben Sie den Fortschritt auf dem Weg zur Problemlösung und stellen Sie heraus, was das Gegenüber dazu beigetragen hat.

 PRO

Termine: Kurzfristig ist das Ringen um einen Kompromiss zeitraubend. Aber tragfähige Lösungen sichern letztlich die Projekttermine.

Kosten: Die Kosten für die Gespräche stehen in keiner Relation zu den Kosten, die auflaufen, wenn Rechtsstreitigkeiten mit Anwälten vor Gericht ausgetragen werden.

Karriere: Sich dem Problem zu stellen und mit etwas Geduld eine Lösung zu finden, ist die Gesellenprüfung für weitere Führungsaufgaben.

Fazit: Wann dieser Weg Erfolg verspricht

Der gemeinsame Wer ist dann erfolgreich, wenn beide Vertragsparteien an einer gemeinsamen Lösung interessiert sind. Ziel sollte eine Win-Win-Situation sein. Die Interessen beider Parteien müssen offen gelegt werden, auch muss feststehen, welchen Nutzen die jeweilige Seite erzielen will. Der Weg hat auch gute Chancen zu gelingen, wenn auf der Beziehungsebene das Gefühl vorherrscht: Ich bin ok. – Du bist ok; wenn auf gleicher Augenhöhe verhandelt wird und die Gesprächspartner Verständnis für die jeweilige andere Position aufbringen. Dazu helfen auch entsprechende Kommunikationsregeln, wie z. B. den Blickkontakt zu halten, aktiv zuzuhören, offen Fragen zu stellen, Rückmeldungen während des Gesprächs zu geben (weitere Techniken siehe Tool „Kommunikationsregeln", S. 190).

Mein Weg: Moderiertes Gespräch – so bin ich vorgegangen

Eine Woche später haben sich Auftraggeber und Projektleitung wieder zusammengesetzt. Ich moderierte das Gespräch. Beide Seiten hatten in ihrem Hause inzwischen geklärt, was damals passiert war. Es stellte sich heraus, dass eine Fachabteilung aus dem Vermessungs- und Katasteramt mit dem ersten Projektleiter übereingekommen war, die in Rede stehende Funktion zu streichen. Dies ging aus einem Protokoll hervor. Es wurde aber auf beiden Seiten versäumt, diese Änderung durch die jeweiligen Entscheider absegnen zu lassen. Diese Änderung ist daher auch nicht ins Lastenheft des Auftraggebers eingeflossen. Auf der Auftragnehmerseite hatte der damalige Projektleiter die Funktion undokumentiert herausgenommen. Im Verlauf des moderierten Gesprächs beharrte der Vermessungsdirektor auf Funktionserfüllung. Der jetzige Projektleiter schlug vor, die Funktion nachzuliefern. Letztlich fanden wir einen Kompromiss: Da vor der Abnahme schon die nächste Version im Gespräch war, schlug der Projektleiter vor, die Funktion kostenfrei mit der nächsten Version zu liefern. So konnte der avisierte Endtermin gehalten werden.

KLARTEXT: KONFLIKTE MIT DEM AUFTRAGGEBER

1 Vertrauen Sie darauf: Jeder Konflikt kann sachlich und fair ausgetragen werden. Mit entsprechender Technik der Kommunikation, z. B. aktivem Zuhören, wird das Gespräch verlangsamt und die Beziehung bleibt erhalten.

2 Arbeiten Sie das Verbindende heraus und sammeln Sie Vorschläge, den Konflikt zu lösen.

3 Falls der Streit festgefahren ist, hilft ein neutraler Moderator, um das Schiff wieder flott zu bekommen.

5

Das Unternehmen: Machtspiele meistern und Bündnisse schaffen

Das Controlling eines Unternehmens hatte beobachtet, dass Projekte terminlich, finanziell und qualitativ aus dem Ruder liefen. Eine unternehmensweite Befragung ergab, dass das Zusammenspiel zwischen Linie und Projektleitern wegen mangelnder Absprachen und Akzeptanz nicht rund lief. Auch waren die Projektleiter nicht im Projektmanagement ausgebildet. Deshalb entschied man sich, professionelles Projektmanagement einzuführen. Das Controlling übernahm diese Aufgabe. Bald schon liefen die Trainings zur Teamarbeit und zum Projektmanagement an. Das Controlling organisierte und moderierte die Trainings. Die Projektleiter waren Neuerungen gegenüber sehr skeptisch. Offiziell gelobten die Führungskräfte, die Projektleiter zu unterstützen. Inoffiziell ließen sie diese auflaufen. Die zugesagten Kapazitäten blieben aus, die Lösungen der Projektleiter wurden in Frage gestellt. Die Installation des Projektmanagements blieb auf der Strecke – Kosten und Termine für die Realisierung der Projekte waren durch das Blocken bereits überschritten. Was sollte das Controlling tun, um die Projekte noch zu retten?

Wege zur Lösung

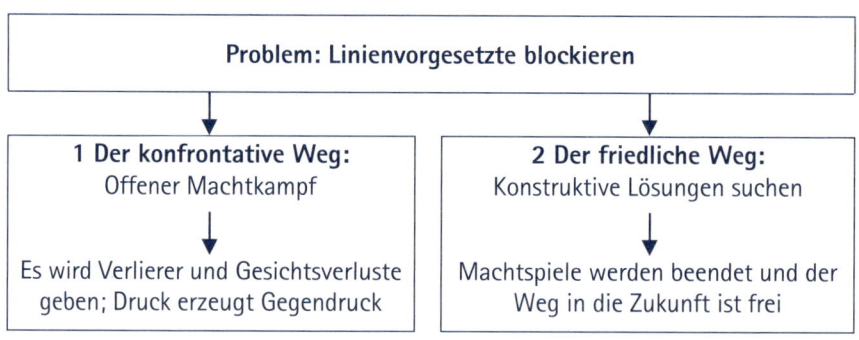

1 Der konfrontative Weg: Offener Machtkampf

Ein möglicher Weg aus der Misere: Der Projektleiter im Controlling kann den Fehdehandschuh aufheben und sich mit den Führungskräften anlegen. Er kann auch die Projektleiter der Kundenaufträge anstacheln, sich den Blockaden zu widersetzen und im Zweifelsfall zur Geschäftsführung zu gehen. Praktisch heißt dies, dass das Controlling die verfahrene Situation im Lenkungsausschuss darstellt und die Schuld an der Misere anhand von Beispielen den Führungskräften zuweist. Der Lenkungsausschuss setzt sich aus den Vorgesetzten der Mitglieder des Kernteams zusammen. Die Führungskräfte der Linie werden den Spieß umdrehen und die schwache Leistung des Controllings thematisieren.

Der konfrontative Weg sollte von der Geschäftsleitung ausgehen. Dies ist vergleichbar mit einem Fußballtrainer, der in der Pause seiner Mannschaft die Leviten liest. Es geht darum, die Beteiligten wachzurütteln. Die Geschäftsführung kann die Ziele aufzählen, die erreicht werden müssen. Sie kann die Probleme beim Namen nennen und aufzeigen, dass die Führungskräfte noch meilenweit von den Zielen entfernt sind. Sie kann die Blockaden ansprechen und jede Führungskraft auffordern, für ihren Bereich Vorschläge zur Umsetzung des Projektmanagements zu machen. Außerdem kann die Geschäftsführung der Projektleitung aus dem Controlling und den Projektleitern der Kundenaufträge den Rücken stärken: „Falls es weiterhin Schwierigkeiten gibt, habe ich als Geschäftsleitung eine offene Tür. Sie können jederzeit zu mir kommen."

VORSICHT BOMBE!

Der Konflikt wird eskalieren. Die weitere Zusammenarbeit zwischen Projektleitern und den Linien-Führungskräften wird schwieriger.

So entschärfen Sie die Bombe

1 Vertreten Sie in aller Sachlichkeit Ihren Standpunkt, lassen Sie sich nicht auf Machtkämpfe ein.

2 Suchen Sie sich Verbündete aus der Führungsetage und führen Sie Schritt für Schritt neue Spielregeln im Konsens ein.

5

 **PRO**

> **Termine:** Konfrontation kann durchaus heilsam für ein krankes Projekt sein, so lange sie sachlich stattfindet. Neue Dynamik kann die Termine retten.

 CONTRA

> **Termine:** Wenn sich an der Situation der täglichen Gehässigkeiten nichts ändert, dann ist die Motivation im Keller. Termine sind stark gefährdet.
>
> **Kosten:** In der Regel haben Konflikte eskalierende Wirkungen. Deshalb wird viel Geld verbrannt.
>
> **Karriere:** Als Projektleitung die Konfrontation zu suchen, ist keine gute Visitenkarte.

Fazit: Wann dieser Weg Erfolg verspricht

Der konfrontative Weg wird in Firmen mit eher hierarchischen und autoritären Strukturen weniger begehbar sein als in Firmen mit einer kooperativen Unternehmenskultur. Probleme können dort in sachlicher Weise offen angesprochen werden. In Unternehmen mit einer gepflegten Streitkultur ist Konfrontation auf der Basis von Fakten und konkreten Situationen möglich und die Gegner müssen mit weniger Sanktionen rechnen.

2 Der friedliche Weg: Konstruktive Lösungen suchen

Statt sich mit den Führungskräften anzulegen, kann der Projektleiter den Führungskräften über einen Berater den Spiegel vorhalten, die Machtspiele beim Namen nennen und somit aufdecken. Damit wird erst einmal die Luft aus der Blockadehaltung herausgelassen. Im zweiten Schritt fordert der Berater die Führungskräfte auf, konstruktive Vorschläge zur Verwirklichung des Projektmanagements zu machen. Bevor es zur Darstellung der Situation im Lenkungsausschuss kommt, werden der Projektleiter und sein Berater eine Stakeholder-Analyse durchführen (siehe Tool S. 196). Welche Führungskräfte stehen für welche Einstellung? Wer blockiert das Vorhaben? Wer unterstützt es? Was sind die Beweggründe für die Blockade bzw. für die Unterstützung des Vorhabens? Daraus entwickeln der Projektleiter und sein Berater die Vorgehensweise der Präsentation im Lenkungsausschuss.

Es besteht die Gefahr, dass die Führungskräfte sich persönlich angegriffen und an den Pranger gestellt fühlen.

So entschärfen Sie die Bombe

1 Führen Sie mit entsprechender Beratung Einzelgespräche und verhelfen Sie so den Führungskräften zur Selbsterkenntnis.

2 Legen Sie diplomatisches Geschick an den Tag: Zeigen Sie der Führungskraft die Vorteile der Veränderung auf.

3 Zeigen Sie mit Hilfe des Beraters Konsequenzen auf, falls die Führungskraft die Mitarbeit verweigert. Die Konsequenzen sind keine Drohungen, sondern klare Grenzen.

4 Machen Sie deutlich, dass eine Führungskraft, die Veränderungen mitträgt, vielerlei Gestaltungsmöglichkeiten hat.

PRO

Termine: Wenn alle an einem Strang ziehen, dann können die Veränderungen gelingen und die Termine gehalten werden.

Kosten: Konstruktive Mitarbeit fördert die Motivation. Das wirkt sich positiv auf das Arbeitsklima aus. Es entstehen keine Mehrkosten.

Qualität: Die Qualität profitiert von der guten Zusammenarbeit und dem Willen, die Veränderungen voranzutreiben.

Karriere: Sich mit Widerständen auseinanderzusetzen, heißt auch, sich mit den Personen intensiv zu beschäftigen. Das ist klassische Führungsarbeit.

Fazit: Wann dieser Weg Erfolg verspricht

Der friedliche Weg ist erfolgreich, wenn der Leidensdruck bei den Betroffenen sehr hoch ist und wenn eine demokratische und kooperative Unternehmenskultur dies zulässt. Sicherlich hängt es auch von der Altersstruktur der Führungskräfte ab. Manche Führungskräfte, die kurz vor dem Ruhestand stehen, zeigen weniger Bereitschaft, eine Veränderung aktiv voranzutreiben. Auf jeden Fall muss klar sein, dass die Geschäftsführung den Veränderungsprozess mitträgt und ihn in Konfliktfällen aktiv unterstützt.

5

Mein Weg: Verbündete schaffen – so bin ich vorgegangen

Nachdem die Installation des Projektmanagement-Handbuchs nur teilweise von Erfolg gekrönt war, hat das Kernteam, bestehend aus Projektleitung und zwei Projektmanagement-Instituten, eine neue Initiative gestartet, das Schiff wieder auf Kurs zu bringen. Einerseits wurde vorgeschlagen, einen Bereich „Auftragsabwicklung" mit den Auftrags-Projektleitern zu installieren und andererseits die entsprechenden Fachbereiche als Profit-Center zu führen. Für den Fachbereich bedeutet das Profit-Center, dass in diesem Bereich ein Gewinn erwirtschaftet werden muss. Wenn das Projekt z. B. ein Arbeitspaket dem Bereich Konstruktion zur Bearbeitung gibt, dann wird diese Leistung zwischen dem Projekt und dem Bereich Konstruktion so abgerechnet, als wäre der Bereich Konstruktion eine externe Firma.

Mit diesen zwei zentralen Vorschlägen und weiteren Vorschlägen ist das Kernteam im Lenkungsausschuss angetreten, um die skeptischen Führungskräfte davon zu überzeugen, dass eine neue Struktur in der Firma ein gelebtes Projektmanagement ermöglicht. Nach längerer Diskussion und dem Abwägen des Für und Wider sind die Strukturveränderungen angenommen worden.

Ein sehr erfahrener Projektleiter wurde der Leiter der Auftragsabwicklung. Er setzte sich dafür ein, das Projektmanagement-Handbuch nochmals zu überarbeiten. Dazu wurde ein Auftragsprojekt ausgesucht, anhand dessen das Handbuch im realen Projekt konzipiert werden konnte. Außerdem wurde eine Datenbank für die Kalkulation, die Auslastung der Mannschaft und für die Abrechnung der Arbeitspakete mit den Fachbereichen installiert. Nachdem das Projektmanagement-Handbuch bezüglich Neuorganisation, Profit-Center, Erfahrungen aus der konkreten Projektarbeit und mit fachlichen Checklisten überarbeitet worden war, wurden die Projektleiter in Anwesenheit des Leiters der Auftragsabwicklung nochmals geschult. Somit konnte das Projekt „PM-Einführung" unter der Federführung des Controllings und durch die starke Unterstützung des Leiters der Auftragsabwicklung erfolgreich abgeschlossen werden.

1 Machtspiele sind oft Ausdruck von Angst, Unsicherheit und Hilflosigkeit. Nehmen Sie sie nicht hin. Decken Sie diese in einem Gespräch auf und animieren Sie die Beteiligten, sich konkret einzubringen.

2 Holen Sie sich Verbündete in Ihr Projekt. Die Stakeholder-Analyse zeigt Ihnen, auf wen Sie bauen können.

3 Neben der offiziellen Organisation in einem Unternehmen sollten Sie auch die inoffizielle Organisation kennen. Welche Machtstrukturen gibt es? Wer kann mit wem? Wer spielt Flüsterpost und wer kann Anvertrautes für sich behalten?

4 Gehen Sie mit Informationen offen um. Das schafft Vertrauen. Sie müssen als Projektleiter für die Beteiligten berechenbar sein.

5 Sie sollten versuchen, Konflikte zunächst bilateral zu klären, bevor Sie diese Konflikte zur Lösung in das Unternehmen tragen.

5

Nach dem Projekt: Sauber Bilanz ziehen

» DAS SZENARIO

Die ersten Geräte des neu entwickelten Bildtelefons waren an den Handel ausgeliefert worden. Der Projektleiter wollte das Projekt gerade abschließen, als die Entwicklungsabteilung eine mögliche Schwachstelle der Telefone vermeldete, die die neuesten Tests ergeben hatten: So drohte der Bildschirm der Telefone bei den geringsten Erschütterungen zu brechen. Die Produktion war nach Plan angelaufen. Die Entwicklungsarbeiten waren mit dem Fertigungsstart weitestgehend abgeschlossen. Auch wartete bereits ein neues Projekt auf den Startschuss. Der Projektleiter kam zu mir in die Controlling-Abteilung und fragte um Rat.

Wege zur Lösung

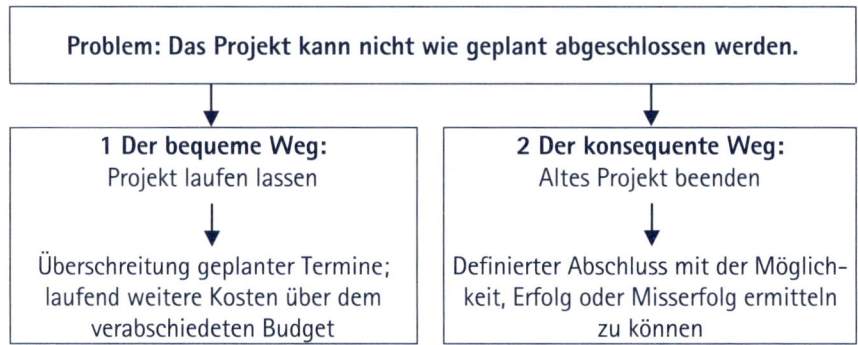

1 Der bequeme Weg: Projekt laufen lassen

Je mehr das Projekt dem geplanten Endtermin entgegen geht, desto mehr Fehlermeldungen, Änderungen und Claims kommen auf die Projektleitung zu. Diese werden gerne aufgegriffen und bearbeitet. Oft ist Ursache davon die Technikbegeisterung, die sich den neuen Herausforderungen stellt. Das Projekt läuft so einfach weiter, das Ende des Projekts rückt so in immer weitere Ferne. Die Mehrarbeiten erscheinen auch nicht im Projektstatusbericht (siehe Tool auf S. 194).

Mit der planlosen Verlängerung des Projekts wird Kapazität gebunden, die an anderer Stelle fehlt. Zusätzlich lässt sich später nicht mehr nachvollziehen, ob der Auftrag sachlich, terminlich und kostenmäßig im Lot war.

So entschärfen Sie die Bombe

1 Zu Beginn wird klar festgelegt und mit dem Auftraggeber vereinbart, wann das Projekt endet.

2 Vier Wochen vor Projektende informiert die Projektleitung alle Beteiligten, dass das Projekt am Tag X enden wird, die Konten geschlossen werden und die Teammitglieder in andere Projekte gehen.

3 Sollte Ihr Auftraggeber Sie überredet haben, ohne speziellen Auftrag das Projekt zu verlängern, dann dokumentieren Sie zumindest die entstandenen Aufwendungen und zusätzliche Sachergebnisse separat.

PRO

Termine: Wenn das Projekt einfach weiterläuft, dann ist später nicht eindeutig nachvollziehbar, welche Termine verschoben wurden. Dies kann vorteilhaft für den Projektleiter sein.

Kosten: Auch die Grenzen zur ursprünglichen Auftragskalkulation verwischen sich. Dies kann sich als Verschleierungstaktik anbieten.

Karriere: Für das weitere berufliche Fortkommen kann es nützlich sein, das Projekt wieder zum Laufen gebracht zu haben. Hier zählt dann das Ergebnis und weniger Termin- und Kostenüberschreitungen.

CONTRA

Termine: Mit dem Projekt unkommentiert fortzufahren, führt oft zu Terminüberschreitungen, die durch Nacharbeiten aufgefangen werden müssen. Erfolg oder Misserfolg sind dann nicht mehr nachvollziehbar.

Kosten: Eine sinnvolle Nachkalkulation ist nicht mehr möglich. Die Erfahrungen können nicht mehr für zukünftige Kalkulationen genutzt werden.

Qualität: Die Qualitätskriterien werden verwässert. Es fehlt der Zeitpunkt, an dem geplante Qualität mit abgelieferter Qualität verglichen werden kann.

5

Fazit: Wann dieser Weg Erfolg verspricht

Bei Projekten, in denen Termintreue und Kosteneinhaltung eher an zweiter Stelle stehen, kann es vernünftig sein, sie laufen zu lassen. Meistens ist dies der Fall, wenn Nachbesserungen die Akzeptanz bei der Zielgruppe/den Anwendern erhöhen: Wichtig ist z. B. bei Organisationsprojekten, dass die Betroffenen mit den Ergebnissen des Projektes leben müssen. Deshalb ist es sinnvoll, die Anregungen und Verbesserungen der Betroffenen möglichst schnell aufzunehmen. Dies gilt auch bei hausinternen IT-Projekten: Wenn die Software nicht all das leistet, was die Anwender brauchen bzw. erwarten, ist es durchaus erstrebenswert, Nachforderungen zu erfüllen und eventuell nachzuarbeiten. Die neue Software-Anwendung wird dann eher angenommen und die Firma gewinnt durch höhere Produktivität.

2 Der konsequente Weg: Altes Projekt beenden

Das Projekt wird zum vereinbarten Zeitpunkt durch die Projektleitung beendet. Die Abnahmeerklärung liegt vor, die Dokumente sind übergeben und die Konten im betrieblichen Kostensystem sind geschlossen. Die Projektleitung hat ihren Projektabschlussbericht (siehe Tool auf S. 193) abgegeben. Gleichzeitig startet sie für Restarbeiten und kleine Fehlerkorrekturen ein neues Projekt, das diese Aktivitäten bündelt. Hier können noch Änderungen und Claims untergebracht werden.

 VORSICHT BOMBE!

Ihr konsequentes Vorgehen kann Ihren Auftraggeber verärgern.

So entschärfen Sie die Bombe

1 Schon im Terminplan muss völlig klar sein, dass das Projekt am Tag X endet.
2 Kündigen Sie ein paar Wochen vorher an, dass bald der geplante Abschluss ansteht. Fordern Sie die Beteiligten auf, sich zu äußern, was unbedingt noch erledigt werden soll. Entscheiden Sie dann, was noch zum Projekt gehört und was in ein Nachfolgeprojekt gesteckt wird.
3 Sicherlich wird jemand oder gar der Auftraggeber Sie in Versuchung bringen: „Könnten Sie mir dies noch schnell mitmachen ...". Lehnen Sie die Bearbeitung im derzeitigen Projekt ab und verweisen Sie auf das Nachfolge-Projekt.

Termine: Die geplanten Termine werden eingehalten. Das geforderte Sachergebnis wird pünktlich übergeben.

Kosten: Auch die Kosten können eingehalten oder eventuell gar unterschritten werden. Die Kostentransparenz ist gesichert.

Karriere: Sie erwerben sich mit solchen Maßnahmen den Ruf, zu Ihrem Wort zu stehen. Was Sie sagen, setzen Sie auch um. Eine geschätzte Führungseigenschaft bei Mitarbeitern und Vorgesetzten.

Qualität: Ein Produkt mit Qualitätsmängeln auszuliefern kann schwierig werden. Deshalb kann es besser sein, diese Mängel zu beseitigen und das Projekt noch eine Zeitlang laufen zu lassen.

Fazit: Wann dieser Weg Erfolg verspricht

Der konsequente Weg ist dort sinnvoll, wo Projekte mit klaren Aufträgen und Verträgen gestartet wurden und wo die Finanzen eine zentrale Rolle spielen. Ist die Anlage oder das Produkt abgenommen, beginnt in der Regel der Gewährleistungsabschnitt. Schon deshalb muss zwischen Vertragserfüllung und Nacharbeiten klar unterschieden werden. Aber auch in Software- oder Entwicklungsprojekten, wo geistige Arbeit der Kern des Projekts ist, sollte deutlich zwischen Vorhaben und Nachvorhaben unterschieden werden. Damit gibt die Projektleitung den Beteiligten Orientierung. Kaufmännisch kann deutlich gemacht werden, was die Nacharbeiten gekostet haben und was an Gewährleistungskosten aufgelaufen ist.

Mein Weg: Ein klarer Abschluss – so bin ich vorgegangen

Als Controller riet ich dem Projektleiter, darauf zu achten, dass die Transparenz im Projekt gewahrt wird. Das Projekt „Bildtelefon" ist mit der Projektleitung wie geplant abgeschlossen worden. Neben der letzten Statusbesprechung zum Erfahrungsaustausch, dem Projektabschlussbericht, ist eine Nachkalkulation (siehe Tool auf S. 192) von mir als Controller durchgeführt worden. Die aufgetretenen Schwierigkeiten sind in einem neuen Projekt aufgefangen worden. Der Projektleiter sah ein: Es ist für alle Beteiligten sinnvoll, das Projekt gerade auf der Kostenseite so zu gestalten, dass später detailliert nachvollziehbar ist, welche Kosten der ursprüngliche Auftrag, welche die Fehlerbeseitigung und welche neue Funktionen/Wünsche des Auftraggebers verursacht haben. Nur so kann der Rückfluss an die kommenden Vorkalkulationen sichergestellt werden. Dadurch ist auch gewährleistet, dass die Erfahrungen später genutzt werden können.

 KLARTEXT: ZUM SCHLUSS SAUBER BILANZ ZIEHEN

1 Trotz aller Probleme, die es vielleicht während des Projekts gab: Schließen Sie Ihr Projekt ab!

2 Ziehen Sie Bilanz anhand der Zielsetzung. Stellen Sie dar, was nicht erreicht worden ist und was tatsächlich fertig gestellt werden konnte. Halten Sie dies in einem Projektabschlussbericht fest.

3 Sammeln Sie mit Ihrem Kernteam die positiven und negativen Erfahrungen und lassen Sie die Konsequenzen daraus in Standards, Checklisten und zukünftige Projekte einfließen. Schließen Sie das Konto, übergeben Sie die Dokumente dem Firmenarchiv und stellen Sie eine Nachkalkulation für die Kosten und eine kritische Betrachtung zur Terminsituation auf.

4 Führen Sie mit dem Auftraggeber neben der Abnahme ein Abschlussgespräch, indem Sie herausfinden, wie zufrieden er mit dem Projektverlauf und -ergebnis ist. Dies kann der Beginn eines weiteren Auftrags werden.

5 Feiern Sie den Projekterfolg mir Ihren Mitstreitern.

Diese Tools brauchen Sie

Tool	Kurzbeschreibung Stärken/Schwächen	Aufwand Nutzen
Ampel-Darstellung	Beliebte und einprägsame Kurzinformation über den Zustand des Projektes. Mit den drei Ampelfarben Rot, Gelb und Grün wird der Zustand des Projektes visualisiert. Meistens Teil des Projektstatusberichts.	● ★★★★
Auftraggeber-Gespräch	Ständige Einrichtung, um den Auftrag zu klären, den Verlauf des Projektes darzustellen und ggf. Änderungen zu verabschieden und Claims zu behandeln. Je nach Konstellation nehmen an diesen regelmäßigen Gesprächen der Auftraggeber und Auftragnehmer bzw. die Projektleitung teil.	●● ★★★★
Kommunikationsregeln	Nützliche Hilfsmittel, die Kommunikation zwischen zwei Menschen sicherzustellen. Im Konfliktfall unverzichtbar, um eine Eskalation des Konfliktes zu verhindern und damit eine Lösung des Konfliktes herbeizuführen.	●● ★★★★★
Lessons Learned	Systematische Auswertung von gewonnenen Erfahrungen/erworbenem Wissen und die Formulierung von Handlungsempfehlungen für zukünftige Vorhaben.	●● ★★★★
Nachkalkulation	Stellt als Schlussbetrachtung alle bis zum Projektende aufgelaufenen Kosten dar. Es wird gezeigt, welche Kosten über- bzw. unterschritten sind. Zeigt Ursachen auf, die eine Kostenüberschreitung ausgelöst haben. Ziel der Nachkalkulation ist auch, Zahlenmaterial für kommende Angebotskalkulationen zu bekommen.	●●● ★★★★★

5

Tool	Kurzbeschreibung Stärken/Schwächen	Aufwand Nutzen
Projektab-schluss-bericht 🔽	Dient dazu, Bilanz zum Projekt zu ziehen. Auftrag dient als Messlatte für den Bericht. Was ist sachlich, kostenmäßig, ergebnismäßig, zeitlich, organisatorisch für das Projekt erreicht bzw. nicht erreicht worden? Nützlich, um bei zukünftigen Projekten Fehler zu vermeiden.	●● ★★★★
Projekt-statusbericht 🔽	Stellt alle wichtigen Daten zur Projektverfolgung dar. Er kann für die Arbeitspakete, die Meilensteine und für das Projekt an sich genutzt werden.	●●● ★★★★★
Stakeholder-Analyse	Stakeholder sind alle Personen oder Personengruppen, die direkt oder indirekt mit dem Projekt in Beziehung stehen. Diese Beziehungen genauer anzusehen, ist die Aufgabe der Stakeholder-Analyse mit der Maßgabe, Störungen frühzeitig abzufangen oder Chancen gezielt zu nutzen.	●●●● ★★★★★

Die mit dem Icon 🔽 gekennzeichneten Tools können Sie im Internet unter www.projektmagazin.de/klartext abrufen.

Die besten Tools – wie sie funktionieren

Ampel-Darstellung

Richtig eingesetzt gibt die Ampel-Darstellung einen schnellen Einblick ins Projektgeschehen. Sie ist meist Teil des Projektstatusberichtes (siehe S. 193). Die Aussage über das Projektgeschehen umfasst den Fertigstellungsgrad, die Terminsituation der Arbeitspakete und Meilensteine bis hin zur Kostensituation, alles bezogen auf den aktuellen Berichtszeitpunkt. Um die Ampel „schalten" zu können, ist der SOLL-/IST-Vergleich der Termine und Kosten erforderlich. Die Kosten- und Meilenstein-Trendanalysen vervollständigen die Situationseinschätzung des Projektes.

Ampel-Darstellung als Teil des Projektstatusberichts

- Grün bedeutet, dass das Projekt so abläuft wie geplant und dass für die nahe Zukunft keine Schwierigkeiten zu erwarten sind.
- Gelb macht deutlich, dass Probleme aufgetreten sind. Aber die eingeleiteten Maßnahmen lassen hoffen, dass die Probleme in den Griff zu bekommen sind.
- Rot ist der GAU im Projektgeschehen. Die aufgetretenen Schwierigkeiten können im Moment nicht gelöst werden. Es sind auch noch keine Maßnahmen eingeleitet worden, welche die Probleme beseitigen werden.

Die Ampel-Darstellung ist eine sinnvolle Visualisierung des Projektgeschehens. Auf der anderen Seite ist sie eine starke Vereinfachung der momentanen Situation. Deshalb kann sie nur die Ergänzung einer detaillierten Berichterstattung sein.

Auftraggeber-Gespräch

Eine der wichtigsten Schnittstellen des Projektes ist die Verbindung des Projektleiters zum Auftraggeber. Von ihm kommt das Lastenheft, er finanziert das Vorhaben und hat das Projektergebnis beauftragt. Wenn Änderungen und Claims anstehen, ist der Auftraggeber ebenso gefordert. Deshalb ist es wichtig, als Projektleitung guten Kontakt zum Auftraggeber zu halten. Das kann durch regelmäßige Berichte geschehen und – noch besser – durch regelmäßige Auftraggeber-Gespräche. Je nach Situation im Projekt können die Schwerpunkte des Gespräches wie folgt sein:

- Auftragsklärung (Angebot, Vertrag)
- Stand des Projektes (Arbeitspakete)

5

- Änderungen/Claims (Entscheidungen)
- Genehmigungen von technischen Unterlagen
- Beistellungen durch den Auftraggeber
- Abnahme und Projektende
- After Sales

Das Auftraggeber-Gespräch soll in freundlicher Atmosphäre stattfinden und von großer Sachlichkeit geprägt sein. Je nach Situation nehmen an dem Gespräch der Auftraggeber und die Projektleitung oder der Auftragnehmer und die Projektleitung teil.

Kommunikationsregeln

Sie dienen dazu, gerade in Konfliktfällen eine Versachlichung des Gespräches sicherzustellen. Wenn beide Gesprächspartner bestimmte Regeln einhalten, dann läuft das Gespräch nicht aus dem Ruder.

Was sollte der Sender, also derjenige, der redet, beachten? Er sollte konkrete Situationen und konkrete Verhaltensweisen ansprechen. Sein Ziel sollte es sein, die Situation von dem Verhalten der Person (Empfänger) zu trennen. Das Selbstwertgefühl einer Person muss beim Gespräch respektiert werden, deshalb keine Verallgemeinerungen, Drohungen, Angriffe und Verunglimpfungen. Der Sender sollte beim Thema bleiben und zunächst für sich seine Wahrnehmung abklären, bevor er anfängt, zu bewerten und zu interpretieren. Der Sender hält mit dem Empfänger Blickkontakt und schaut, wie der Empfänger auf die angesprochenen Themen körpersprachlich reagiert.

Umgekehrt sollte der Empfänger nicht gleich zurückschießen. Er wiederholt mit eigenen Worten das Gehörte, um sicherzustellen, ob das, was er gehört hat, auch so gemeint ist. Mit einer gezielten sachlichen oder die Gefühle ansprechenden Frage kann der Empfänger gegenüber dem Sender diesen Klärungsprozess unterstützen. Dieses Vorgehen – Wiederholen und Nachfragen – wird aktives Zuhören genannt. Es hat zusätzlich den Vorteil, das Gespräch zu verlangsamen und damit die Emotionen zu dämpfen. Der Empfänger achtet auch auf die Körpersignale des Senders.

Die Kommunikationsregeln im Überblick:

Für den Sender:

- Konkrete Situationen und konkretes Verhalten ansprechen (statt zu verallgemeinern mit „immer ...", „nie ...", „typisch ...").
- Brücken bauen statt drohen.
- Am Thema bleiben (statt „damals").
- Sich selbst öffnen (Was geht in mir vor?).
- Blickkontakt halten.
- Laut, deutlich, lebendig sprechen; Gestik und Mimik einsetzen.

Für den Empfänger:

- Aufnehmendes, quittierendes Zuhören, z. B.: „Hm ...", „Aha ..."; Blickkontakt.
- Zusammenfassen, z. B.: „Habe ich Sie richtig verstanden, dass ..."
- Offene Fragen stellen, z. B.: „Wie meinen Sie das?", „Wie fühlen Sie sich dabei?"
- Das Gesprächsverhalten loben, z. B.: „Ich finde es gut, dass Sie auf meine Äußerung nochmals eingehen."
- Rückmeldung zu ausgelösten Gefühle geben, z. B.: „Das freut (ärgert, verunsichert ...) mich jetzt."
- Ausreden lassen.
- Auf Körpersignale achten.

Lessons Learned

Lessons Learned meint: Die Erfahrungen und das Wissen aus einem Projekt systematisch sammeln, aufbereiten und anderen Projektmitarbeitern zur Vermeidung von Pannen und Fehlern zur Verfügung stellen. Das soll mit Hilfe von Fragen geleistet werden:

- Was hätte passieren sollen?
- Was ist wirklich passiert?
- Warum gab es Abweichungen, Unterschiede?
- Was können wir daraus lernen?

5

Im Projektabschlussbericht (siehe S. 193) können diese Fragen beantwortet werden. Oder das Projektteam nutzt die letzte Projektbesprechung am Ende des Projektes, um Vorschläge zu erarbeiten, die für künftige Projekte genutzt werden sollen. Ein solcher Erfahrungsworkshop sollte mit einem Wunschbild zum abgelaufenen Projekt beginnen und dann Schritt für Schritt herausarbeiten, wo es Probleme, Schwierigkeiten und Fehlentscheidungen gab. Dabei sollte es aber nicht nur um die negativen Erfahrungen, sondern auch um die positiven Erfahrungen gehen:

■ Was ist gut gelaufen?

■ Was ist schlecht gelaufen?

■ Was sollte beibehalten werden?

■ Was sollte in Zukunft anders gemacht werden?

Lessons Learned sollten Sie nicht nur am Ende des Projektes einsetzen, sondern praktisch zu jedem Meilenstein. Gerade bei Entwicklungs- und Forschungsprojekten, die oft wie eine Fahrt ins Blaue beginnen, ist die meilensteinorientierte Erfahrungsgewinnung eine wichtige Voraussetzung, im nächsten Abschnitt auf sicherem Grund zu stehen.

Nachkalkulation

Mit der Nachkalkulation soll einerseits das Vorhaben abgeschlossen werden, es sollen aber auch andererseits Kenngrößen herausgefiltert werden, die helfen, in Zukunft so zu kalkulieren, dass bei zukünftigen Vorhaben keine Kostenüberschreitungen entstehen. Anhand der geplanten Kosten und der aufgelaufenen gesamten Kosten wird errechnet, wie groß der Deckungsbeitrag oder der Verlust (Kostenüberschreitung) ist. Dabei ist nicht interessant, bei welchen Kosten Über- bzw. Unterschreitungen stattgefunden haben, sondern welche Kosten zusätzlich dazu kommen, weil z. B. diese Kosten in der Vorkalkulation vergessen wurden oder weil im Projekt nicht vorhersehbare Ereignisse diese zusätzlichen Kosten heraufbeschworen haben. Diese Überlegungen fließen dann in Kennzahlen für künftige Vorkalkulationen ein. Selbstverständlich muss herausgefunden werden, was die Kostenüberschreitung oder die zusätzlichen Kosten verursacht hat. Ziel ist es dann, bei zukünftigen Vorhaben diese Ursachen zu beseitigen.

Als Kenngrößen für zukünftige Kalkulationen können dienen:

- Aufwand zum Sachergebnis, z. B. 100 Std. zu 50 Seiten Pflichtenheft
- Aufwand zur Anzahl des Personals
- Aufwand pro Entwicklungsstunde
- Aufwand pro Montagestunde
- Anteil Vertrieb zu Entwicklung
- Anteil Vertrieb zum Gesamtprojekt
- Verhältnis Personalkosten zu Sachkosten
- Verhältnis Durchlaufzeit Projekt zu Gesamtkosten
- Kosten pro Abschnitt/Meilenstein, aufgeteilt in Sach- und Personalkosten
- Deckungsbeitrag Kalkulation zur Nachkalkulation

Diese Kenngrößen fließen in die künftige Vorkalkulation ein und stellen sicher, dass die gewonnenen Erkenntnisse und Erfahrungen genutzt werden.

Projektabschlussbericht

Mit dem Projektabschlussbericht zieht die Projektleitung mit ihrem Team einen Schlussstrich unter das Projekt, er ist quasi die Schlussbilanz. Woran muss sich die Projektleitung messen lassen? Als Messlatten dienen das Lasten- und das Pflichtenheft. Deshalb richtet sich der Projektabschlussbericht an den Projektzielen aus. Sind die Sachziele erreicht worden? Wie sind die Abwicklungsziele umgesetzt worden? Stimmten die Randbedingungen? Sind der Auftraggeber und der Auftragnehmer zufrieden?

Anlagen zum Projektabschlussbericht sollten sein:

- Auftrag (Vertrag)
- Letzter Stand Terminplan (SOLL-/IST-Vergleich)
- Letzter Stand der Mitlaufenden Kalkulation bzw. Nachkalkulation
- Letzter Projektstatusbericht
- Abnahme- und Übergabeprotokoll
- Dankschreiben des Auftraggebers

1. Wurden die Sachergebnisse erreicht?	[X] ja	[ ] teilweise	[ ] nein
Wenn teilweise oder nein: Weshalb?	Technisch sind die Anforderungen des Kunden zu 100 % erreicht worden. Der Kunde hat in einem Dankschreiben seine Zufriedenheit ausgedrückt.		
2. Wurden die Abwicklungsergebnisse erreicht?	[ ] ja	[X] teilweise	[ ] nein
Wenn teilweise oder nein: Weshalb?	Die Notfallmaßnahme wegen der nicht funktionierenden Steuerungen verursachte Mehrkosten und bedingte einen zusätzlichen Laboraufbau.		
	Die gesamte Funktion konnte so jedoch zuverlässig installiert werden.		
	Die Mehrkosten wurden den verantwortlichen Lieferanten berechnet und sind bereits mit deren Forderungen verrechnet.		
3. Was ist gut gelaufen?	Alle internen Maßnahmen, sowohl des Engineering als auch des Projektmanagements		
	Die Zusammenarbeit mit Kunden und allen Behörden		
4. Was ist weniger gut gelaufen?	Controlling der Lieferanten für die Steuerungen		
5. Was sollte aus Ihrer Sicht verbessert werden?	Controlling der Lieferanten		
	Verwendung des Labors als Abnahme-Test-Umgebung gegenüber den Lieferanten		
6. Gibt es noch etwas zu berichten?	Nein		

Beispiel eines Projektabschlussberichts

Projektstatusbericht 🔘

Er fasst für das Projekt zum entsprechenden Berichtszeitpunkt alle Informationen zum Projektgeschehen zusammen. Er dient dem Auftragnehmer und dem Auftraggeber als Über- und Einblick ins Projekt. Außerdem kann der Projektkurzbericht später zum Auswerten des Geschehens bei den Lessons Learned (siehe S. 191) genutzt werden.

Was interessiert aber den Auftragnehmer und den Auftraggeber in einem Projektkurzbericht? Das kann von Fall zu Fall unterschiedlich sein. Deshalb ist es wichtig, dies zum Projektstart mit den Beteiligten Folgendes zu klären: Inhalt – Form – Berichtszeitpunkte.

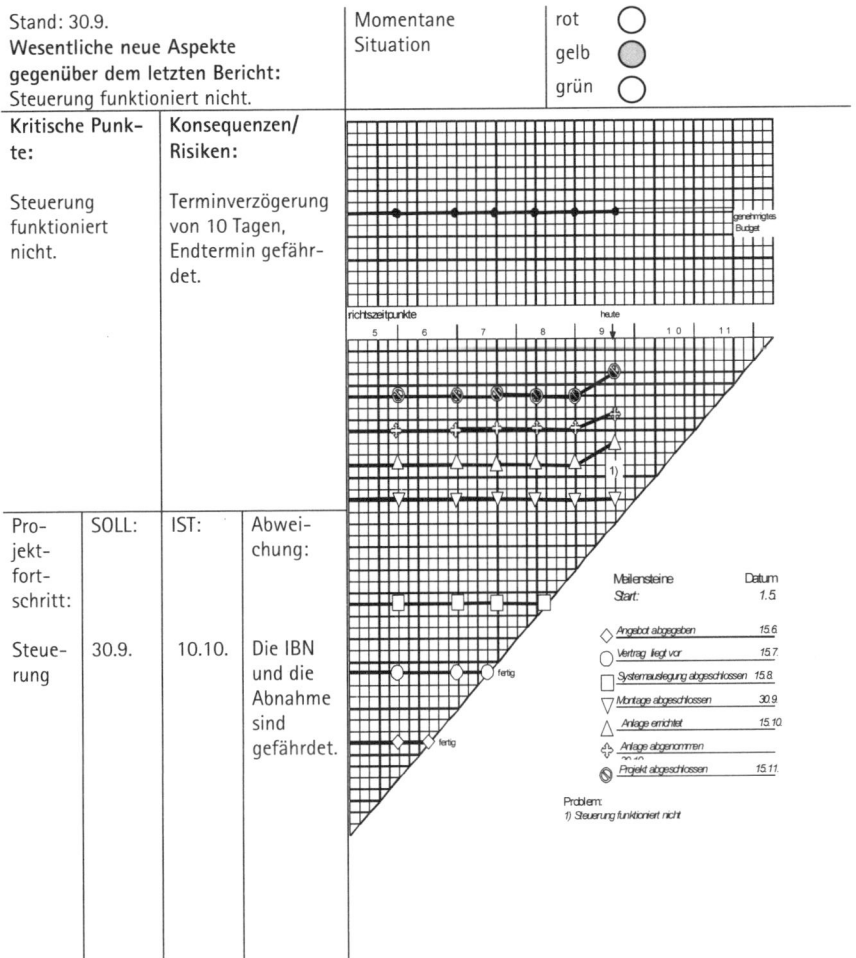

Beispiel eines Projektstatusberichts

Der hier dargestellte Projektstatusbericht gibt Auskunft, was sich seit dem letzten Bericht geändert hat. Dazu dient die Ampeldarstellung. Kritische Punkte, Konsequenzen und Risiken werden herausgestellt. Ferner ist ein SOLL-/IST-Vergleich mit Abweichungen bezüglich des Projektfortschritts (Sachergebnisse) vorgesehen und die Meilenstein- und Kosten-Trendanalyse ist eingebettet.

Stakeholder-Analyse

Beziehungen zum Kunden, zum Lieferanten oder zur öffentlichen Hand sind für das Gelingen des Projektes enorm wichtig. Auch gibt es Beziehungen nach innen wie z. B. zum Projektteam, zu Führungskräften und zum Betriebsrat. All diesen Personen ist gemein, dass sie ein Interesse an dem Projekt haben. Ziel des Projektleiters sollte es sein, diese Stakeholder in das Projektgeschehen einzubeziehen. Es gilt vor allem, „Querschüsse" oder „Widerstände" rechtzeitig zu erkennen und zu verhindern. Zum Einstieg in ein Projekt kann ein Stakeholder-Soziogramm angelegt werden, um die Beziehungen zwischen den Stakeholdern zu erkennen und sich damit einen Überblick über alle Stakeholder zu verschaffen.

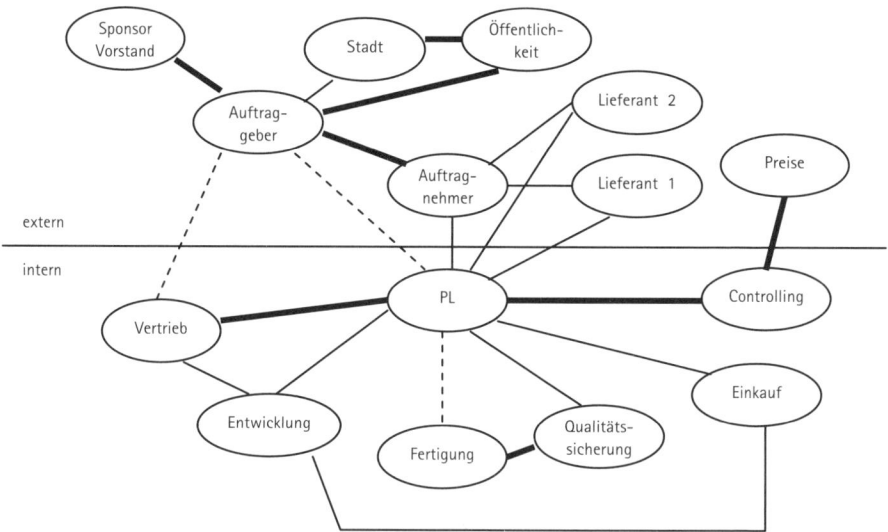

Beispiel für ein Stakeholder-Soziogramm

Die Stärke der Striche im Soziogramm soll die Intensität der Beziehung unterstreichen. An den Strichen kann zusätzlich durch + und – kenntlich gemacht werden, ob es für das Projekt eine fördernde oder eine hinderliche Beziehung ist. Das führt fast nahtlos zur Stakeholder-Analyse über. Welche Erwartungen haben die einzelnen Stakeholder? Wie hoch oder niedrig ist der Grad der Betroffenheit? Welche Art von Betroffenheit steckt dahinter? Was kann unternommen werden, um entsprechenden Einfluss auf den Stakeholder zu haben? Gerade bei Organisationsprojekten ist das Mit-ins-Boot-holen der Stakeholder ein wichtiges Erfolgsgeheimnis.

Stakeholder	Erwartungen	Grad der Betroffenheit	Art der Betroffenheit	Maßnahmen
Auftraggeber	Auftragserfüllung Imagesteigerung	++	Positiv	Monatlicher Statusbericht Auftraggebergespräch
Stadt	Mehr Arbeitsplätze	+	Neutral	Aushang Schwarzes Brett
Lieferant 1	Stammlieferant	++	Positiv	Wöchentliche Berichterstattung
Lieferant 2	Technisch hochwertiges Produkt	+	Weniger	Monatliche Berichterstattung
Öffentlichkeit (Presse)	Green IT	+	Weniger	Pressekonferenzen
Auftragnehmer	Referenzprojekt Gewinn	++	Sehr positiv	Wöchentlicher Jour fixe
Projektleitung	Karriereschub	+	positiv	Intranet-Auftritt Firmenzeitung
Team	Gute Zusammenarbeit Mehr Gehalt	+	Neutral	Wöchentliche Projektbesprechung Monatlicher Kurzbericht

Beispiel für eine Stakeholder-Analyse

Literaturverzeichnis

Engl, Joachim; Thurmaier, Franz: Wie redest Du mit mir? Freiburg im Breisgau, 1995

Probst, Jürgen: Praxishandbuch Kostenrechnung, Kissing, 1998

Wolf, Max L. J., Krause, H.-H.: Projektarbeit bei Klein- und Mittelvorhaben, Renningen, 2. Auflage 2007

Wolf, Max L. J.; Mlekusch, R., Hab, G.: Projektmanagement live, Instrumente, Verfahren und Kooperationen als Garanten des Projekterfolges, Renningen, 6. Auflage 2006

Wolf, Max L. J.: Der Terminplan muss gestrafft werden – so geht's, Projekt Magazin 8/2007

Wolf, Max L. J.: So fangen Sie den kurzfristigen Ausfall von Ressourcen ab, Projekt Magazin 21/2007

Wolf, Max L. J.: So straffen Sie Ihren Kostenplan, Projekt Magazin 4/2008

Stichwortverzeichnis

Das Projekt Magazin ist das führende Fachportal für erfolgreiches Projektmanagement. Wir unterstützen Sie in allen Phasen Ihrer Projektarbeit und dabei, dass Sie Ihr Ziel nie aus den Augen verlieren: den erfolgreichen Projektabschluss.

Bei uns schreiben Experten aus der Praxis – Sie profitieren unmittelbar vom Wissen renommierter Fachautoren.

www.projektmagazin.de
Hier finden Sie alles, was Sie für Ihren Projektalltag brauchen:

- über 850 Fachartikel und Tipps
- über 230 Arbeitshilfen, wie Checklisten und Vorlagen
- über 30 unabhängige Software-Besprechungen
- das umfangreichste Glossar mit über 900 PM-Fachbegriffen
- 24 Online-Ausgaben und 12 Spotlight-Themenspecials im Jahr

Das Projekt Magazin: Online. Aktuell. Immer für Sie da.